U0352859

北京工商大学学术专著出版资助

无线供电技术

邓亚峰 著

北 京

冶金工业出版社

2014

内 容 提 要

本书首先对无线供电进行概述，并介绍无线供电技术的历史发展、分类以及国内外的研究进展，接着分析无线供电技术的拓扑结构，然后分别介绍电磁感应式和电磁谐振式无线供电，随后专门介绍小型化无线供电技术，还介绍了基于无线供电技术的信号传输，最后对无线供电技术的热点研究方向以及后续工作进行了介绍。

本书可供从事无线电能传输研究的科研人员参考，也可作为机电及相关专业师生的参考书。

图书在版编目（CIP）数据

无线供电技术/邓亚峰著 . —北京：冶金工业出版社，
2013.3（2014.1 重印）
　　ISBN 978-7-5024-6148-5

　　Ⅰ.①无… Ⅱ.①邓… Ⅲ.①供电系统 Ⅳ.①TM72

中国版本图书馆 CIP 数据核字（2013）第 019448 号

出 版 人　谭学余
地　　　址　北京北河沿大街嵩祝院北巷 39 号，邮编 100009
电　　　话　（010）64027926　电子信箱　yjcbs@ cnmip. com. cn
责任编辑　尚海霞　美术编辑　彭子赫　版式设计　孙跃红
责任校对　石　静　责任印制　牛晓波
ISBN 978-7-5024-6148-5
冶金工业出版社出版发行；各地新华书店经销；北京慧美印刷有限公司印刷
2013 年 3 月第 1 版，2014 年 1 月第 2 次印刷
169mm×239mm；12 印张；231 千字；179 页
32. 00 元
冶金工业出版社投稿电话：（010）64027932　投稿信箱：tougao@cnmip. com. cn
冶金工业出版社发行部　电话：（010）64044283　传真：（010）64027893
冶金书店　地址：北京东四西大街 46 号（100010）　电话：（010）65289081（兼传真）
（本书如有印装质量问题，本社发行部负责退换）

前　言

　　无线供电是借助电磁场或电磁波进行能量传输的一种技术。近年来，许多便携式电器（如笔记本电脑、手机、音乐播放器等移动设备）都需要电池和充电，电源电线频繁地拔插，既不安全也容易磨损；一些充电器、电线、插座标准也不完全统一，这样就造成了原材料的浪费，形成了对环境的污染；在特殊场合下（例如矿井和石油开采中），传统的输电方式在安全上也存在隐患；孤立的岛屿和工作于山头的基站采用架设电线的传统配电方式又存在很多的困难。这些因素都促使对无线供电技术的需求越来越迫切。随着磁集成技术、高频电源技术和电力电子技术等基础理论的发展，无线供电技术在进入 21 世纪后迅速成为国内外的研究热点和重点。

　　无线供电技术的研究必将导致大量新的研究领域出现，产生新的经济增长点，使电能的应用更为广阔，必将改善在特殊环境中电工设备馈电受客观环境限制的影响，开拓如机械制造、能源交通以及在生物医学、家用电器等多方面的应用，并带动相关技术的发展。因此，该技术的研究不仅有重要的科学意义，而且有明确的实用价值和广阔的应用前景，可能带来显著的经济和社会效益。无线供电技术的安全性、可靠性和灵活性决定了它的巨大应用潜力。

　　本书的主要内容为：第 1 章介绍无线供电技术的诞生、历史发展，并介绍无线供电技术的研究意义，对无线供电技术的分类进行详细介绍，对国内外最新的理论研究和应用研究的进展情况进行总结；第 2 章分析无线供电技术发展依赖的三大技术，即磁耦合技术、高频电源技术及电力电子技术，并从供能环节（初级电路）、传输环节（耦合电路)、接收环节（次级电路）对无线供电技术的拓扑结构进行分析；第3章先对电磁感应式无线供电的耦合模型和传输性能指标进行分析，通过对初、次级线圈位置改变时对电磁感应式无线供电系统耦合性能的影响进行分析，推导得到气隙、中心偏移量和偏转角改变时互感的理论计算公式，首次引入椭圆积分的级数表达式对互感计算公式进行优化，得到比较准确的互感理论计算公式，同时该公式具有普适性，对互感的计算有重要的参考价值，本章还对初、次级线圈相对位置对耦合性能的影响进行了理论研究，对电磁感应式无线供电系统进行了实验研究；第4章对电磁谐振式无线供电系统的传输性能指标进行分析，并进行电磁谐振式无线供电系统的实验研究和双增强线圈电磁谐振式无线供电系统实验研究，并在双增强线圈电磁谐振式无线供电系统研究中首次提出最大有效传输距离的概念；第5章针对小型化无线供电系统的应用需求以及性能指标进行理论分析，并设计相关实验进行研究；第6章进行基于无线供电技术的独立式信号传输研究和高频注入式信号传输研究；第7章对无线供电技术热点研究方向进行介绍，分别介绍无线供电系统的自适应能量控制、高压输电线无线能量拾取技术研究、植入式医疗装置无线供电技术研究、扭矩传感器无线能量传输技术研究、水下仪器的无线供电技术研究等；第8章对无线供电技术做了总结和展望。

本书的主要内容是在北京科技大学王长松教授的指导下，由作者在攻读博士学位期间所做的科研课题总结而成。感谢课题组成员张绪鹏、孙述、刘澜涛、查成东、张旭君、徐西波等同志所做的大量前期工作和后续补充。张绪鹏博士对感应式无线供电技术做了大量的理论分析工作和实验研究，孙述硕士和刘澜涛硕士在作者攻读博士学位期间，辅助作者做了大量的实验工作和文献检索工作，他们富有成效的工作为作者撰写本书提供了十分有益的帮助。在这里一并向他们致以衷心的感谢。

　　在本书的撰写过程中，李岳峰、吴志海、王章宇、陆孙事等对本书的书稿进行了认真的整理，并对书中错别字进行了纠正，在此表示感谢！也感谢家人彭玲玲、邓文斌、彭延华在作者撰写本书期间给予的大力支持。

　　本书的出版得到北京工商大学学术专著出版资助，在此对学校和学院各级领导给予的支持和帮助谨致以衷心的感谢。

　　由于时间仓促，作者学识水平及试验条件有限，书中疏漏之处敬请专家、读者不吝批评指正。

邓亚峰

2012 年 10 月于北京

目　　录

1 绪 论

1.1 无线供电概述

无线供电是借助电磁场或电磁波进行能量传输的一种技术。近年来，许多便携式电器（如笔记本电脑、手机、音乐播放器等移动设备）都需要电池或充电，电源电线频繁地拔插，既不安全也容易磨损；一些充电器、电线、插座标准也不完全统一，这样就造成了原材料的浪费，形成了对环境的污染；在特殊场合下（例如矿井和石油开采中），传统的输电方式在安全上也存在隐患；孤立的岛屿和工作于山头的基站采用架设电线的传统配电方式也存在很多的困难。无线供电技术采用电磁感应耦合的方式进行电能传输，消除了摩擦、触电的危险，提高了系统电能传输的灵活性，显著减小了用电系统的质量和体积。无线供电传输系统多功能性好、可靠性高、柔性好，安全性、可靠性及使用寿命较高，加上无接触、无磨损的特性，能够满足不同条件下电工设备的用电需求，同时兼顾了信息传输功能的需求。该技术特别适用于那些不同部件之间需要相对独立运动的设备，这些设备小到微特电机、精密仪表，大到工厂中的操作臂、机器人，城市交通中的电车、地铁，尤其适用于那些空间受限或需要完全封闭的特殊应用场合。在上述情形下，无线供电技术被美国《技术评论》杂志评选为未来十大科研方向之一，2008 年 12 月 15 日，在纪念中国科协成立 50 周年大会上，无线供电技术也被中国科协评选为"10 项引领未来的科学技术❶"之一。

无线供电技术（WPS，wireless power supply）也称为无接触能量传输（NCPS，non – contact power supply）、感应耦合电能传输（ICPT，inductive coupled power transfer）、无接触能量传输（CPT，contactless power transfer）或松耦合电能传输（LCIPT，loosely coupled inductive power transfer）。我国在无线供电方面的研究才刚刚起步，这方面的研究比欧美国家要落后不少。

无线供电系统具有以下优点：

（1）没有裸露导体存在，能量传输能力不受环境因素的影响，如尘土、污物、水等，因此，这种方式比起通过导线连接来传输能量更为可靠、耐用，因为

---

❶ 10 项引领未来的科学技术——基因修饰技术、未来家庭机器人、新型电池、人工智能技术、超高速交通工具、干细胞技术、光电信息技术、可服用诊疗芯片、感冒疫苗、无线能量传输技术。

它不存在机械磨损和摩擦。

（2）系统各部分之间相互独立，可以保证电气绝缘，且不产生火花。

（3）变压器初、次级可以相互分离，次级端可以采用多个绕组同时接收能量，并可同时为多个用电负载提供电能。初、次级端可以处于相对静止或运动状态，其配合比较自由，组织形式灵活多样，适用范围也更广泛。

基于无线供电技术的以上优点，所以其在各个领域的应用都有着传统供电方式无法比拟的优势。很多低功耗的设备将摆脱电缆的束缚，也不再使用电池；采用无线供电技术的很多设备的安全性能、可靠性将有较大的提升；电能可跨越一些特殊的环境，进行远距离传输；无线局域网也能输送电能，处在网络覆盖中的便携设备的电源使用时间将大大延长，甚至可以连续使用。无线供电技术的研究推动了电力电子技术的发展，既具有较好的理论意义，又具有较高的实用价值。

无线供电技术的研究必将导致大量新的研究领域的出现，产生新的经济增长点，使电能的应用更为广阔，必将改善在特殊环境中电工设备馈电受客观环境限制的影响，开拓如机械制造、能源交通以及在生物医学、家用电器等多方面的应用，并带动相关技术的发展。因此，无线供电技术的研究不仅有重要的科学意义，而且有明确的实用价值和广阔的应用前景，可能带来显著的经济和社会效益。无线供电系统的安全性、可靠性和灵活性决定了它的巨大应用潜力。

1.2　无线供电技术历史发展

无线输电技术一直是人们关注的课题，早在 1890 年，物理学家兼电气工程师 Nicola Tesla 就做了无线电能传输的实验（见图 1-1），他是最早进行远距离无线输电实验的人，因而有人称之为"无线电能传输之父"。Nicola Tesla 构想的无线电能传输方法是把地球作为内导体，把地球电离层作为外导体，通过放大发射机以径向电磁波振荡模式，在地球与电离层之间建立起大约 8Hz 的低频共振，建立在地面上的特斯拉电塔可以接收和发射能量（见图 1-2），利用环绕地球的表面电磁波来传输能量（见图 1-3）。后人虽然从理论上完全证实了这种方案的可行性，但世界还没有实现大同，想要在世界范围内进行能量传播和免费获取也是不可能的。因此，一个伟大的科学设想就这样胎死腹中。

其后，Goubau、Sohweing 等人从理论上推算了自由空间波束导波可达到近100% 的传输效率，并随后在反射波束导波系统上得到了验证。20 世纪 20 年代中期，日本的 H. Yagi 和 S. Uda 发明了可用于无线电能传输的定向天线，又称为八木-宇田天线。60 年代初期，雷声公司（Raytheon）的 W. C. Brown 做了大量的无线电能传输研究工作，从而奠定了无线电能传输的实验基础，使这一概念变成了现实。雷声公司在实验中设计了一种效率高、结构简单的半波电偶极子半导

图 1-1　Nicola Tesla 进行无线电力传输实验

图 1-2　特斯拉电塔

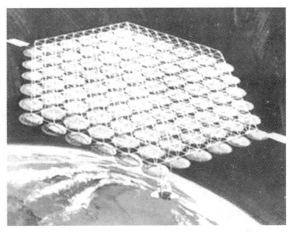

图 1-3　环绕地球的表面电磁波传输能量

体二极管整流天线，将频率 2.45GHz 的微波能量转换为了直流电，1977 年，雷声公司又在实验中使用 GaAs-Pt 肖特基势垒二极管，用铝条构造半波电偶极子和传输线，输入微波的功率为 8W，获得了 90.6% 的微波—直流电整流效率。后来改用印刷薄膜，在频率 2.45GHz 时效率达到了 85%。自从 Brown 实验获得成功以后，人们开始对无线电能传输技术产生了兴趣。1975 年，在美国宇航局的支持下，开始了无线电能传输地面实验的 5A 计划，喷气发动机实验室和 Lewis 科研中心曾将 30kW 的微波无线输送 1.6km，其微波—直流的转换效率达 83%。1991 年，华盛顿 ARCO 电力技术公司使用频率 35GHz 的毫米波，整流天线的转换效率为 72%，到了 1998 年，5.8GHz 印刷电偶极子整流天线阵转换效率为 82%。

21 世纪初，特别是近年来，便携式电子产品大量涌现，以及传感器无线网络技术与 MEMS 器件的发展，推动了无线供电与无线网络技术的研发，并在理论研究和实用化技术方面取得了初步的成果。

前苏联在无线电能传输方面也进行了大量的研究。莫斯科大学与微波公司合作，研制出了一系列无线电能传输器件，其中包括无线电能传输的关键器件——快回旋电子束波微波整流器。近几年，无线电能传输发展更是迅速，Wild Charge、Splash Power、东京大学相继开发出非接触式充电器。

1.3 无线供电技术分类

无线供电分为电磁辐射式无线供电（electromagnetic radiation wireless power supply，本书简称为"辐射式 WPS"）、电磁谐振式无线供电（electromagnetic resonance wireless power supply，本书简称为"谐振式 WPS"）和电磁感应式无线供电（electromagnetic induction wireless power supply，本书简称为"感应式 WPS"）。电磁辐射式无线供电可用于远距离电能传输；电磁谐振式无线供电适用于中等距离电能传输；电磁感应式无线供电可用于近距离电能传输。电磁谐振式无线供电和电磁感应式无线供电也统称为非辐射式无线供电，非辐射式无线供电是本书的研究重点。这 3 种供电方式和传统供电方式的比较见表 1 - 1。

表 1 - 1 无线供电方式和传统供电方式的比较

供电方式	传统供电	无线供电				
特 点	导线连接	电磁辐射式	电磁谐振式		电磁感应式	
类 型	移动接触	电磁波	紧耦合	松耦合	紧耦合	松耦合
基本理论	电路	波的传导	电场交流电路	分布式的电场电力电子	磁路交流电路	分布式的磁场电力电子
典型技术	导线连接器	天线波的引导装置	电容	容性能量传输	变压器	感性能量传输

1.3.1 电磁辐射式无线供电

对无线供电技术来说，能量传递的效率是最重要的。因此，方向性强、能量集中的激光与具有类似性质的微波束是实验优先选择的途径。但激光光束在空间传输易受到空气和尘埃的散射，非线性效应明显，且输出功率小，因此，微波传输能量成为能量传递的首选方式。

微波是指那些频率在 300 ~ 3000MHz 之间的电磁波，它的波长在 1 ~ 1000mm 之间。电磁波俗称为无线电波，它是人们非常熟悉的一个概念。正是由于发现了它，才奠定了广播、电视和现代通信技术的基础。电磁波不仅能传输信号，它也能传输电能。美国 Power Cast 公司开发了这项技术，可为各种电子产品充电或供电，包括耗电量相对较低的电子产品，如手机、MP3 随身听、温度传感器、助听器，以及汽车零部件和医疗仪器。整个系统基本上包含了两个部件，称为Power Caster 的发射器模块和称为 Power Harvester 的接收器模块，前者可插在插座上，后者则嵌在电子产品上。发送器发射安全的低频电磁波，接收器接收发射频率的电磁波，据称约有 70% 的电磁信号能量转换为直流电能。该项技术之所以会得到多家厂商的青睐，原因在于它独特的电磁波接收装置，它的电磁波接收装置能够根据不同的负载、电场强度来做调整，以维持稳定的直流电压。

电磁波无线能量传输技术直接利用了电磁波能量可以通过天线发送和接收的原理，例如微波无线能量传输技术，就是利用微波转换装置把直流电转变为微波，然后由天线发射出去；大功率的电磁射束通过自由空间后被接收天线收集，经过微波整流器后重新转变为直流电。它的实质就是用微波束来代替输电导线，通过自由空间把电能从一处输送到另一处。该技术可以实现极高功率的无线传输，但是在能量传输过程中，发射器必须对准接收器，能量传输受方向限制，并且不能绕过或穿过障碍物，微波在空气中的损耗也大，效率低，对人体和其他生物都有严重伤害，所以该技术一般应用于特殊场合，如低轨道军用卫星、天基定向能武器、微波飞机、卫星太阳能电站等许多新的、意义重大的科技领域，它具有美好的发展前景。

因为电磁波的频率越高，能量就越集中，方向性也越强。微波传输能量就是将微波聚焦后定向发射出去，在接收端通过整流天线（rectenna）把接收到的微波能量转化为直流电能。

作为一种点对点的能量传输方式，微波能量传输具有以下特点：

（1）以光速传输能量；

（2）能量传输方向可迅速变换；

（3）在真空中传递能量无损耗；

（4）波长较长时，在大气中能量传递损耗很小；

（5）能量传输不受地球引力差的影响；

（6）工作在微波波段，换能器可以很轻便。

20 世纪 60 年代，William C 向世人展示了电磁波传输电能示意图，如图 1-4 所示。该电磁波传输系统包括微波源、发射天线、接收天线和整流器等几部分，其中，最关键的是把微波或激光束的能量转变为直流电的整流器。微波源是可供无线输电技术选用的电磁波发生器，电磁波源内有磁控管，在 2.45GHz 频段输出 5～200W 的功率，在厘米波段，理想磁控管和放大管的效率分别为 90% 和 80%，而理论上效率最高的磁旋束管放大器可达到 100%，放大系数无限大；在毫米波段，回旋管的实际效率已达到 40%；在光波波段，阳光直射时激光器的效率约 20%。微波源输出的能量通过同轴电缆连接到适配器上，亚铁酸盐的循环器连接在波导管上，使波导管和发射天线相匹配。发射天线包含 8 个部分，每个部分上都有 8 个缝隙，这 64 个缝隙均匀地向外发射电磁波。这种开孔的波导天线很适合用于无线电能传输，因为它有高达 95% 的孔径效率和很高的能量捕捉能力。硅控整流二极管天线用来收集微波并把它转换成直流电，在展示的电磁波输能系统中，该接收天线拥有 25% 的收集和转换效率，这种天线在 2.45GHz 频段测试时曾经达到甚至超过 90% 的效率。由于传输距离比较远，因此增强天线的方向性和效率会十分困难。

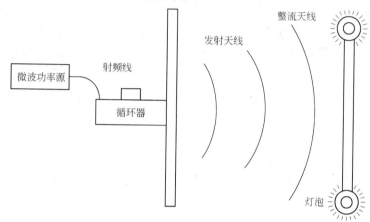

图 1-4 电磁辐射式无线供电模型

用 D 代表微波在自由空间传输的距离，A_t、A_r 分别代表发射天线和接收天线的面积，λ 表示工作波长，则微波在自由空间的传输效率 η 是参数 τ 的函数，τ 的函数表达式为：$\tau = \dfrac{\sqrt{A_t A_r}}{\lambda D}$。图 1-5 所示为它们之间的关系图，假设发射天线的口径场分布为高斯型。

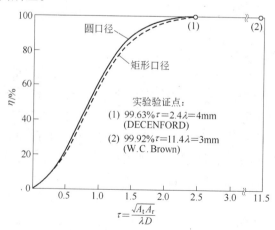

图 1-5 自由空间微波传输效率 η 和 τ 的关系

从图 1-5 中曲线可以得出这样一个结论，传输效率 η 与传输距离 D 没有直接的联系，传输效率 η 是由 $\dfrac{\sqrt{A_t A_r}}{\lambda D}$ 决定。因此，距离 D 增大的效应可由 A_t、A_r 的增加或 λ 的减小来补偿。微波传输能量的总效率等于直流到微波、微波传输和接收整流三部分效率之积。

微波输能总效率和各部分的效率见表 1-2。由表 1-2 可以看出，目前微波传输能量的效率还不高，但是还是很有发展潜力的。

表 1-2　微波输能总效率和各部分的效率

项　目	当前值/%	改进值/%	预期值/%
微波发生器的效率	76.7	85	90
发生器至接收天线口径之间的传输效率	94	94	95
接收整流效率	94	75	90
总效率	39	60	77

早在 1968 年，美国航天工程师 Peter Glaser 就已经更进一步提出了空间太阳能发电（SSP，space solar power）的概念。他设想在大气层外通过卫星收集太阳能发电，然后通过微波将能量无线传输回地面，并且重新转化成电能供人使用。这一设想不是在仅数十千米的距离上用微波传递能量，而是要把能量从三万多千米之外的太空精确地射向地面接收站。

加拿大科学家正计划制造一架无人飞机，飞行高度 33km，可以在空中连续飞行几个月。这可能是世界上第一架可以真正投入使用的远程无线供电飞机，本身不携带燃料，而是从地面的微波站中获取能量。在这架无人机起飞之后，地面的高功率发射机通过天线将发射机所产生的微波能量汇聚成能量集中的窄波束，然后将其射向高空飞行的微波飞机。微波飞机通过微波接收天线接收能量，转换成直流电，再由直流电动机带动飞机的螺旋桨旋转。因为无需携带燃料和发动机，这种飞机的有效载荷将会大大提升。

1.3.2　电磁谐振式无线供电

谐振是一种非常高效的能量传输方式，它的基本原理是：两个振动频率相同的物体之间可以高效地传输能量，而对不同振动频率的物体几乎没有影响。根据谐振的特性，能量传输是在一个谐振系统内部进行，对谐振系统以外的物体没有影响。

图 1-6 所示为电磁谐振式无线供电模型，A 是一个半径为 25cm 的单匝铜环，它是激励电路的一部分，输出频率为 9.9MHz 的正弦波；S 和 D 是自谐振线圈；B 是连接到负载（灯泡）的单匝导线环；不同的 k 代表箭头表示的对象之间

的直接耦合。调整线圈 D 和 A 之间的角度，可以保证它们之间的直接耦合等于零。线圈 S 和 D 同轴排列。线圈 B 和 A 以及 B 和 S 的直接耦合是可以忽略不计的。

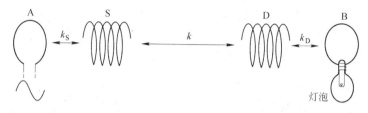

图 1-6　电磁谐振式无线供电模型

将发送端和接收端的线圈调校成一个谐振系统，当发送端的振荡磁场频率和接收端的固有频率相同时，接收端就产生谐振，从而实现能量最大效率地传输。

麻省理工学院（MIT）的以 Marin Soljacic 为首的研究团队首次演示了灯泡的电磁谐振式无线供电技术，他们从 1.83m（6ft）的距离成功地点亮了一个 60W 灯泡，如图 1-7 所示。演示装置包括直径为 0.91m（3ft）的匹配铜线圈，以及与电源相连的传输线圈。接收线圈在非辐射性磁场内部发生谐振，并以相同的频率振荡，然后有效地利用磁感应来点亮灯泡。他们还发现，即使两个谐振线圈间有障碍物存在时，也能让灯泡继续发光。

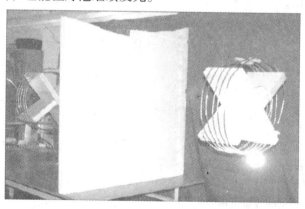

图 1-7　MIT 无线能量传输实验实物示意图

这项称为 WiTricity 的无线供电技术，关键在于非辐射性磁耦合技术的使用，两个相同频率的谐振物体会产生很强的相互耦合作用。MIT 研究人员认为，他们发现的是一种全新的无线供电方法——非辐射电磁能谐振隧道效应。例如在微波波段，一个号角波导产生一个衰减（evanescent）电磁波，倘若接收波导支持相应效率的电磁波模式，即衰减场传播波模式，能量就从一个媒体以隧道方式传输至另一个媒体。换句话说，衰减波耦合是隧道效应在电磁场中的具体体现。在本质上，这个过程与量子隧道效应相同，只是电磁波替代了量子力学中的波函数。这个方法也称为共振感应耦合，以区别于普通电磁感应耦合，它使用单层线圈，两端放置一个平板电容器，共同组成谐振回路，可减少能量的浪费。

MIT 的研究具有划时代意义，它推出了同时实现以下两种设想的系统：

（1）利用高品质因数 Q 值（500～2500）的谐振技术。

（2）积极利用不向远处传播的"磁近场"：在发射源附近，有一个近区场，其中磁场能量在发射源周围空间及发射源线圈内部之间周期性地来回流动，不向外发射（如附近无谐振接收装置），也称为感应场。

MIT 的研究人员一反常规，最大限度地利用了近场，并开发出了无线电力传输系统。开发这种系统，需要在线圈的形状以及特定振动模式的激发方面下工夫。这是一种基于电磁感应的能量传输，实际上融合了谐振技术，与电磁感应完全不同。其实，MIT 的电力传输系统"可以发出强度与贯穿线圈内部的磁通量变化幅度成正比的电动势"，传输的电力远远超过法拉第电磁感应定律。使用基于电磁感应的非接触电力传输时，利用圈数为数百的线圈并且缠绕紧密，才能勉强在数毫米的距离上得到超过 60% 的传输效率。而 MIT 的系统在进行 2m 传输时效率约为 40%。距离为 1m 时更是实现了令人震惊的约 90% 的高效率。作为发射与接收的线圈也只是缠绕的 5 圈粗铜线。可见，与电磁感应不同，该技术并不单纯依靠磁通量强度取胜。

MIT 的科学家们对无线电力传输理论的研究得出了富有启发性的结论：

（1）可行性。通常情况下，电磁辐射具有发散性，相隔较远的接收器只能接收到发射能量的极小一部分。而当接收天线的固有频率与发射端的电磁场频率一致时，就会产生共振，此时磁场耦合强度明显增强，无线电力的传输效率大幅度提高。MIT 的实验表明，当收发双方相隔 2m 时，传输 60W 功率的辐射损失仅为 5W。因此，在几米内"中程"（相较于"近程"和"远程"而言）传输电力是可行的。

（2）安全性。从电磁理论方面来说，人体作为非磁性物体，暴露在强磁场环境中不会有任何风险。医院对病人进行核磁共振检查时，磁场强度 B 高达 1T 也不会伤害人体。相比之下，共振状态下磁场强度 B 处于 10^{-4} T 数量级，仅相当于地磁场的强度，因此不会对人体构成危害。图 1-8 所示为 Marin Soljacic（第二排左一）与 MIT 研究小组成员在两个实验线圈之间留影，以消除人们对磁场辐射的担心。

虽然麻省理工学院（MIT）的实验获得了成功，也有研究人员认为，MIT 的实验可用电磁波近距离（在波长的范围内）辐射原理来解释，此前已有类似的技术，比如无源 RFID 标签。谐振耦合虽能增加传输距离，但因增加了一个电容器，从而也增加了体积。此外，谐振回路有一个重要参数——品质因数，品质因

图 1 - 8　MIT 研究人员在两个实验线圈之间留影

数高表明谐振时能量损耗少，另一方面，品质因数高意味着谐振带宽窄，会给系统设计带来难度。除了上述因素，还要考虑下列因数：

（1）安全性，人们佩戴的金属质项圈、项链等也是一个环形线圈，在某些场合若形成谐振回路会影响系统工作，存在一些不安全因素。

（2）串扰，它是同一个场所内各种电磁波间不希望有的耦合。这个问题是现实存在的，应予以关注和解决。

（3）效率，线圈之间的耦合有极强的方向性，平行时耦合强，垂直时几乎没有耦合，被供电设备的放置会对效率有很大影响。

所以 WiTricity 技术的改进空间依然很大，下一步有望在提高传输效率的同时缩小发射端和接收端的体积，最终实现用电设备内置接收端的目标。

就在 MIT 科学家的研究工作取得实质性进展的辉煌时刻，Power Cast 的公司也推出了一种适合中短距离使用的无线充电装置。Power Cast 公司的射频充电器不需要充电垫子，电子设备搁置在距离发送器约 1m 范围内的任何地方都可以充电。

Power Cast 公司的无线充电系统包括一个安装在墙上的发送器以及可以安装在电子产品上的接收器（见图1 - 9）。发送器利用 915MHz 频段把射频能量发送出去，而接收器则利用共振线圈吸收射频电波。

图 1 - 9　Power Cast 公司开发的收发双方
通过共振圈无线能量传输系统

1.3.3 电磁感应式无线供电

交流电源中变压器就是利用电磁感应的基本原理工作的，变压器由一个磁芯和两个线圈，即初级线圈与次级线圈组成。当初级线圈两端加上一个交变电压时，磁芯中就会产生一个交变磁场，从而在次级线圈上感应一个相同频率的交流电压，电能就从输入电路传输至输出电路。

电磁感应式无线供电技术就是利用电磁感应原理实现电能从一个子系统传输到另一个子系统。这种技术目前已经在一些商业化产品和系统中使用，典型的应用是在变压器上使用。传统变压器结构如图 1 - 10（a）所示。变压器感应电能传输系统的特点是：初、次级绕组之间位置相对固定，紧密耦合，传输效率高。电磁感应式无线供电系统如图 1 - 10（b）所示。电磁感应式无线供电技术正是利用了变压器的感应耦合这一特点，将传统变压器的感应耦合磁路分开，初、次级绕组分别绕在不同的磁性结构上，电源和负载单元之间不需要机械连接进行能量耦合传输。这种初、次级分离的感应耦合电能传输技术不仅消除了摩擦、触电的危险，而且大大提高了系统电能传输的灵活性，显著减小了负载系统的体积和质量。正因为感应式电能传输系统多功能性好、可靠性高、柔性好，加上无接触、无磨损的特性，能够满足各种不同条件下电工设备用电需求，同时兼顾了信息传输功能的需求。在 19 世纪末 20 世纪初，Nicola Tesla 就提出利用交流磁场驱动小灯泡的设想，但是由于技术和材料的限制，效率很低。随着电力电子技术、高频技术和磁性材料的迅速发展，以及多种场合下电工设备感应式供电需求的增长，这种新型的能量传输技术正逐步兴起。

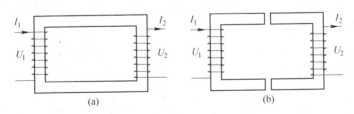

图 1 - 10　传统变压器结构和电磁感应式无线供电系统比较
（a）传统变压器结构；（b）电磁感应式无线供电系统

1.4　国内外无线供电技术的研究进展

近年来，无线供电技术以其安全性好、可靠性高、维护费用低以及环境亲和性强等优点得到了快速发展，国外越来越多的学者和公司开始关注和发展非接触电能传输技术。目前，新西兰、德国、美国和日本等国家相继投入大量的人力和物力，开展此领域的基础研究与实用技术开发，并针对一些特殊领域开发了相应的产品。

1.4.1　无线供电技术的研究趋势

无线供电技术虽然已经诞生了一百多年，但是无线供电技术的研究受到各国研究机构的重视却始于 20 世纪 90 年代后期。国外研究以新西兰为代表，该国奥克兰大学 Pro. Boys 及其领导的课题小组对该技术开展了系统深入的研究，日本、德国和美国等国也相继投入经费，组织科研人员在该领域展开科学研究，从事无线供电的应用产品开发，并取得一系列的技术成果和应用产品。2001 年，西安石油学院李宏教授在国内第一次介绍感应电能传输思想，之后部分高校进行了该技术的研究工作，一些公司、企业和个人也开展研究，目前取得的技术成果及应用产品较少，但发展和进步速度很快。

无线供电技术的研究应用涉及领域广泛。从传输功率方面来说，小到用于生物移植的几十毫瓦、小型设备的几十瓦功率，大到电动汽车或运动机器人的上千瓦功率，甚至是磁悬浮列车应用的上兆瓦功率。

2001 年，比利时的 G. Vandevoode 指出高电压、大功率情况下传输效率受初、次级线圈的耦合系数的影响比较大，而在低电压、小功率的情况下，传输效率的影响因素以次级结构为主、耦合系数为辅。因此，对于传输功率大小不同的场合，参数要求和结构样式有很大的不同。

对于小功率应用，结构设计上对初、次级绕组的阻抗参数、尺寸大小、次级整流电路等参数有着比较高的要求。简单地说，就是次级部分尺寸足够小、能耗少，部分应用还要求在能量波中载入信号波。

对于大功率电能传输，无线供电技术是一种适应全天候、安全、高效地进行电能传输的先进电能传输方法，它弥补了传统的传导充电方法在适应性、安全性与自主充电方面的不足。功率开关器件和高性能磁性材料的诞生使得它在开关速度、大小及功率变换器的效率等方面得到了显著的改进，新的控制方法的出现和新型控制策略的改进进一步提高了变换器的效率。正因为有着众多的独到之处，无线供电技术在交通行业、采矿勘探及制造业等许多方面有着广泛的应用前景。

随着技术的成熟和应用上的进步，无线供电技术吸引了越来越多的研究者，其理论和应用范围都已经逐渐扩大，它成为电力电子技术及应用上新的研究热点，IEEE 期刊（会议）中和它有关的论文数量也逐年增加（见图 1 - 11）。新西兰在无线供电领域具有明显优势；美国和日本紧跟其后，这反映出其对新技术的敏感、重视及国家技术实力；德国、南非、韩国、英国、加拿大、中国等的研究也有一定成绩（见图 1 - 12）。

从研究领域看，新西兰在供电理论和实际应用方面均有多项成就，它引领了该项技术的发展方向；美国的研究侧重点和新西兰相似；日本则侧重于实用设计

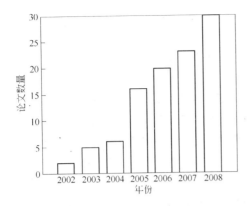

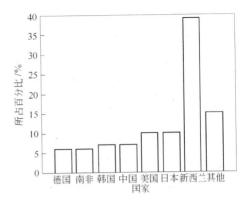

图 1 - 11　IEEE 期刊（会议）中和无线供电技术有关的论文的年份 - 数量分布图

图 1 - 12　IEEE 期刊（会议）中和无线供电技术有关的论文的国家 - 数量比例分布图

方案；德国在结构分析和优化领域有研究论文发表；加拿大将该技术应用于电力机车；南非研究了系统优化和变压器设计；韩国涉及非接触变压器理论分析；中国进行了理论研究，且在分离式变压器、系统电路和应用领域各有所涉及。

从质量上看，新西兰和美国研究水平较高，尤其是新西兰在非接触供电理论领域具有领先地位，它提出了多种有价值的原创电路拓扑，美国则技术与应用并重；日本在该领域的实际应用方面具有较大优势，开发出了多种实际供电系统；中国的原创性发明较少，申请专利多数为实用新型，且侧重于某个具体方面的应用；德国和荷兰分别在交通和电器领域有所成就。

国内的重庆大学、浙江大学、西安交通大学、中科院电工所、南京航空航天大学、西安石油学院、河北工业大学、郑州大学、湖南大学、清华大学、北京科技大学等单位在该领域均有研究。综合来看，国内在无线电能传输领域取得了一定的研究成果，但目前还存在一些问题，如集中投入精力、展开持续研究的单位少，一般应用型成果较多，电路拓扑探讨和传输效率问题等深层次研究偏少，做出稳定、高效的实用样机更少。

1.4.2　国内外无线供电技术理论研究进展

关于无线供电技术的理论研究主要集中在两个领域：电能变换与补偿、松耦合变压器及结构设计。与电能变换与补偿相关的重要研究成果有：建立松耦合感应电能传输系统的负载模型；研究解决变换电路高频应用时的控制策略和频率稳定性问题；谐振变换器频率分析及最小功率因数分析；运用包含初、次级谐振电路的数学模型，研究频率的分叉现象和最大能量传输之间的关系；考察了零相位角控制松耦合感应系统的稳定性判据，提出了保证任意负载稳定运行和能量传输的一般边界条件；利用线性同轴线圈变压器进行水下能量变换和配给系统的设计方法；将无线供电技术和超级电容技术联系应用于 UPS（uninterruptible power system 的简称，即不间断电源）和能量供应等。

国内在无线供电系统主电路频率稳定性方面展开研究，用于保证系统最大功率传输，利用广义状态空间建立系统的数学模型，并解决了传统非接触电能传输装置中磁场发射线圈和接收线圈之间存在角度限制的问题；中科院电工所分析研究了系统补偿拓扑、运行频率及负载参数对系统性能的影响，建立耦合结构的互感模型，得到初、次级线圈形状和尺寸对耦合变化特性的影响；清华大学机器人技术及应用实验室在大气隙、非对称结构高效电能传输及谐振电路拓扑、控制机理方面展开了研究。中国香港城市大学的许树源教授也是较早涉足于电磁感应式无线供电技术的研究人员之一，他主要研究了 PCB（printed circuit board）空心变压器以及基于此变压器的平板式电池非接触充电平台，为手机等小功率消费电子产品的便捷安全充电提供了很好的解决方案。此外，还有结合 DSP 对非接触供电的控制做研究以及电路系统的设计和优化等方面的研究。

1.4.3 国内外无线供电技术应用研究进展

1.4.3.1 部分已投入使用或获得研究突破的应用介绍

由于无线供电系统多功能性好、可靠性高、柔性好，安全性、可靠性及使用寿命较长等优点，加上无接触、无磨损的特性，能够满足多种不同条件下电工设备的用电需求，同时兼顾了信息传输功能的需求，所以无线供电系统在部分领域已经取得了成功的应用。

A 交通运输领域

近年来，由于环保意识的提高及全球变暖现象的日趋严重，国际社会强烈呼吁推出二氧化碳限排政策，许多国家出台法律加强对交通工具如汽车尾气排放的限制标准。绿色环保能源是未来交通发展的方向。目前，仅电动汽车是能满足零排放的交通工具，各大汽车制造商对电动汽车有着浓厚的兴趣。电动汽车充电时需采用插座与插销连接方式，但此方式有诸多缺点，如带电体裸露，易发生触电事故，易产生电火花、接触不良等。感应充电技术是克服上述困难的有效途径，根据 Magne – charge 的设计原理，美国汽车工程师学会（Society of Automotive Engineers）于 1995 年 2 月专门为本国的汽车感应耦合充电方式提出了一份建议实施标准（SAE J – 1773）。美国通用汽车公司对无线的电动汽车充电技术做了一系列研究，提出了在电动汽车上应用非接触式电能传输的一些设想，并于 1996 年 12 月首次推出了利用感应电能传输技术充电的电动概念车 EV1。EV1 型电车的电池组有 26 个铅酸电池，可储存约 16kW·h 的能量。

已有的典型商业化产品有：

（1）日本大福株式会社（DAIFUKU）研制的电动汽车（见图1-13）、运货行车及井下单轨行车和无电平自动运货车。其中一些设备当前已成功应用于许多材料的运输系统中，特别是在一些恶劣的环境下，如喷漆车间。

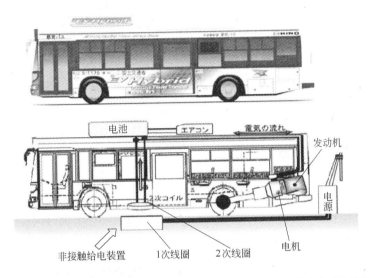

图1-13　日本大福株式会社（DAIFUKU）研制的电磁感应式充电电动汽车结构图

昭和飞机工业在NEDO的协助下，于2004年为早稻田大学制造了"WEB-1（Waseda Electric micro Bus 1号机）"微型电动巴士，并配备了稳孚勒的IPT（见图1-14）。车载蓄电池采用瑞士MESDEA公司的钠熔盐电池"ZEBRA Battery"，之后又改为锂离子充电电池。

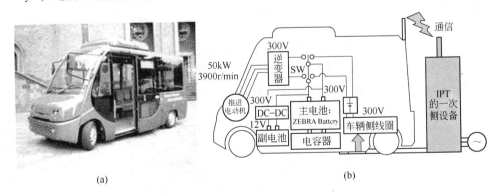

(a)　　　　　　　　　　　　　　　(b)

图1-14　配备无线供电系统的微型电动巴士"WEB-1"

(a) 外观；(b) 构造

2009年，在奈良公园对微型电动巴士WEB-1进行了实证无线供电试验（见图1-15）。通过在终点站奈良县政府充电5~6min，在途中的春日大社公交站点充电1min，该电动巴士获得了可行驶一圈6km、30min路程的电量。

2009年，日本环境省资助制造出了微型电动巴士"WEB-3"（见图1-16）。与WEB-1一样，该车以日野汽车的"日野 Poncho"为原型。WEB-3在地板下方配备了输出功率为30kW、地面线圈与车辆线圈的缝隙为140mm的无线供电系统。

WEB-3配备了采用空气悬挂的"侧跪"功能。后座配备了GS汤浅的锂离子充电电池。无线供电系统的输出功率为30kW，地面线圈与车辆线圈的缝隙扩大至140mm。

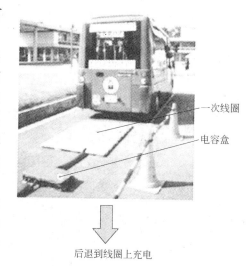

一次线圈

电容盒

后退到线圈上充电

图1-15 2009年在奈良公园实施的实证试验

(a)

(b)

(c)

图1-16 配备侧跪功能的"WEB-3"

(a) 外观；(b) 后座配备的锂离子充电电池；(c) 巴士底板下方的次级线圈

WEB – 3 采用空气悬挂，具备乘降时降低车高的"侧跪"功能，由此，地面线圈与车辆线圈的气隙可降至120mm。因此，巴士停车后降低车高，可立即进入充电状态，而且，地面线圈埋入与地面相同的高度，采用了即使从线圈上通过也不会压坏的耐重型线圈。

（2）新西兰奥克兰大学所属奇思（UNISER – VICES）公司开发的有关无线供电技术的实用项目——高速公路发光分道猫眼系统（目前运行于惠灵顿大隧道，见图1 – 17）、韩国首尔一座游乐园内试运行一种新型电车。这种电车在铺有电感应条的路面上行驶时可"无线"充电，不像传统电车需通过路轨或头顶电线获得电力（见图1 – 18）。

图1 – 17　惠灵顿隧道高速公路发光分道猫眼系统

图1 – 18　韩国首尔游乐园内的电动车辆

（3）最新的《加州空气清洁法》（Clean Air Act of California）对汽车的排放标准进行了规定，要求2030年以前，市场上的零排放车辆不得少于10%。而电动车是唯一满足零排放的车辆，因此，美国和日本的各大汽车制造商都已研制出电动车的拓扑模型，已生产或正在研制可销售的实用电动车辆。

通用汽车公司（GM）的分公司 Delco Electronics 公司研制的 Magne – charge TM 是最先商业化的电动车感应耦合充电器之一，专门用于为 GM 的 EV1 型电动车充电。充电时，只需将充电板插入车辆的充电端口即可。感应耦合进行能量传输的频率可以在 80 ~ 350kHz 范围内变动，感应耦合的效率达 99.5%。充电可以反复进行，过程简单、安全、高效。1995 年 1 月，美国汽车工程学会（Society of Automotive Engineers）根据 Magne – charge 系统的设计发表了在美国使用感应耦合技术进行电动车充电的建议实施条例（SAE J – 1773）。图 1 – 19 所示为车载电池充电系统，充电功率可以达到 8.3kW。

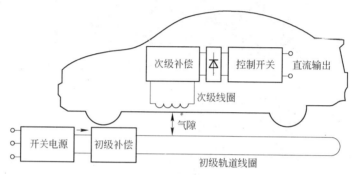

图 1 – 19　车载电池充电系统

（4）新西兰 HaloIPT 公司与奥雅纳工程顾问公司合作，将感应充电技术应用到电动车无线充电中。HaloIPT 拥有其 IPT 无线充电技术知识产权的所有权，该无线充电技术使用的是感应电荷，充电基座可埋于路面之下，这样 IPT 车辆在行驶过程中也可进行充电，其原理如图 1 – 20 所示。这种灵活的行进中充电技术是解决当今电动车面临的行程问题的最有效方法，它将大大降低对电池型号的要求。HaloIPT 目前在伦敦演示了电动车无线充电的过程，一辆雪铁龙电动车的底部装配了几块电板，车辆只要停在路上的基座上便可进行充电，而现有的电动车则需要从车身侧面接入电缆。这项技术可为静止状态下和动态行驶中的电动车提供充电，并降低充电成本，提高车辆使用性。

无线供电技术如何应用到电动汽车方面应重点考虑以下几个问题：

首先，充电地点的选择。无线充电技术与充电器和被充电设备的距离以及状态有关，也就是说，两者之间的距离不能太大，且两者之间没有相对运动，否则就无法稳定和有效地传输电力。因此，充电的位置只能是汽车停留的地点，即车库、停车场、路口等位置，公交车的充电装置还可以设置在公交网站。当然，条件允许的地方或高速公路旁还可以专门设置充电站，以方便车辆的充电。

其次，充电方式的选择。从 3 种充电方式中可以看出，电磁感应充电所需要

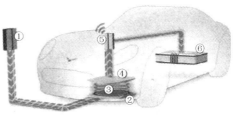

①供电源；　②发射端；　③无线电能和信号传输；
④接收端；　⑤系统控制器；　⑥电池

图 1-20　有线充电汽车与无线充电汽车对比

的距离太小，无线电波充电的效率太低，而电磁共振充电的距离、效率都能满足蓄电池汽车的需要。

最后，对充电电池的选择。电动汽车在城市中随时都会进行充电，因此，必须选择无污染且没有记忆效应的蓄电池进行充电。

经过比选，对无线供电技术在电动汽车的应用上比较清晰的思路是：一方面，在道路及建筑工程建设中，由电力供应单位根据规划图事先在路口、公共停车场的车位、单位或社区的停车位和车库下面预埋无线充电的充电器，并做好充电器与电网或太阳能电池板连接；另一方面，汽车生产厂家要在汽车底部安装无线充电的接收装置，并与蓄电池等设备连接；另外，国家相关部门要统一发射、接收信号的频率，使其能够通用。

B　生物医学领域

无线供电在生物医学上应用的主要特点有：

（1）可靠性要求很高。因为一般的电源通过外科手术植入人体内，如果出现问题，很难解决，另一方面，移植本身必须始终正常工作，当初、次级线圈之间耦合发生改变时，变换器必须提供足够的电能。

（2）所用材料与生物体需要兼容。人体内不能使用铁或铜，除非它们被封装在由生物兼容性材料（陶瓷、钛等）制作的盒内，次级绕组必须采用黄金、白金或一些合金来制作。这些材料的电阻率通常比铜高，因此会带来更多欧姆损耗。

（3）初、次级线圈由皮肤和人体组织隔开，间距取决于人造器官的位置。

（4）由于耦合装置的放置以及病人皮肤的厚度不同，系统的电力电子驱动设备必须能经受耦合参数的变化。

国外进行无线供电技术在生物医学领域的应用研究较早。最先研究的感应电能传输环节始于 20 世纪 60 年代，主要用于听觉修复系统和人工心脏系统的电能传输。科学家利用这项技术在动物体内进行移植实验，安全传输功率达 150W。

经过长期的观察，发现产生的磁场对生物组织没有明显的负面影响。

由于植入式医疗装置工作条件所具有的特殊性，能量供给问题无疑是前进过程中最大的绊脚石，目前植入式医疗装置通常采用微型电池供能，但这会带来如下问题：

（1）微型化学电池容量有限，无法实现长时间持续供电，并伴有微弱漏电。

（2）微型化学电池一旦发生泄漏将对人体造成较大危害。

（3）微型化学电池占据较大空间，进入体内的植入式医疗装置体积必须很小。这给微机电系统的制造造成了困难。

因此，目前在植入式医疗装置的供能方面尚无有效方法和手段。

无线供电技术在植入式装置能量供给方面有独特的优势，近几年得到了迅速的发展。其中，日本和欧美国家在该项技术上的发展尤为迅速。德国、比利时、意大利、爱尔兰还得到了国家基金项目的大力支持。早在 1988 年，联邦德国的专家就已经把无线供电技术和控制技术应用于人造关节的控制上。20 世纪 90 年代后期，美国研究了人造器官的体外能量的供给系统。日本、以色列、韩国以及欧洲的公司相继推出了其无线供电的实物产品，无线供电将渐渐成为人造器官电能供应系统的主流方式。

随着近年来 MEMS 技术的成熟，植入式装置向微型化发展。2005 年，比利时研制的检测装置长仅为 3.0mm，加上内置天线，也仅为 5mm×3mm。2006 年，德国开发的专用的 9 通道生物感应芯片采用 0.8μm 技术制造，输入电压 4.0 ~ 6.0V，消耗电流 1mA，规格为 2.0mm×2.6mm，留有 35 个引脚，支持在线编程。近年来，亚洲的韩国、新加坡在生物及人体内控制电路小型化技术上也取得了一定的进展。

美国匹兹堡大学生物工程系与电气工程系的研究人员 Zhang F. 提出了一种适用于医用传感器和植入式医疗设备的可调频无线供能系统，设计了一套包括射频功率源、两个新结构共振接收器及相应外围电路系统。在研究中，实验人员在开放环境中利用仿人头模型分析了该系统的可行性，人头模型无线能量传输实验平台如图 1-21 所示。实验结果表明，这套系统可为医用传感器及植入式设备提供能量。

我国的植入式遥测系统研究近几年也得到了一定的发展，我国在"863"计划中明确提出了对微型胶囊内窥镜的研究。2004 年 11 月，重庆金山科技集团成功研制出了第一代 OMOM 胶囊型内窥镜，其尺寸为 11mm×25mm。上海交通大学开展了基于射频感应控制的掌指人工关节研究，天津大学进行了植入式电子装置经皮感应充电研究，南京航空航天大学研制了植入式生物遥测装置无线电能传输系统，重庆大学研制了一种用于体内诊疗装置的无线供电系统。而在大功率近距离的无线供电方面的研究，国内只有几个具有一定电力电子实力的高校正逐步

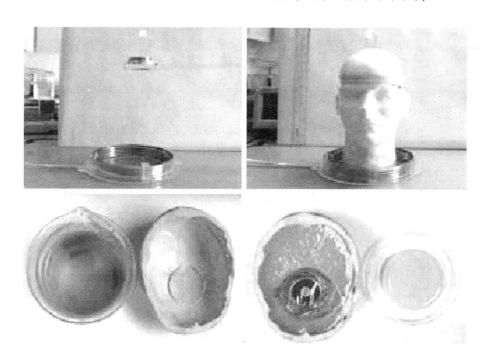

图 1-21　人头模型无线能量传输实验平台

进行着研究和探索，仍处于起步阶段。

C　仪表仪器

图 1-22 所示为意大利和爱尔兰研制的一种生物化学传感器，整个内置系统由一个稳压器、一个微处理器、发射机和电池组成。它使用调幅发射，作用距离达到 30m。该装置能够在生物体自由活动的情况下测量生化电流，精度达到微毫安级。

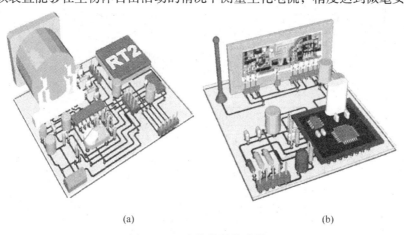

(a)　　　　　　　　　　　　　　(b)

图 1-22　生物化学传感器

(a) 发射端；(b) 接收端

D　扭矩监测系统

扭矩信号是各种动力机械运行状态监测、安全与优化控制和故障识别预报的主要信息源。扭矩信号测量方法的关键之处:一是如何将旋转轴上检测到的应变信号可靠地传输到地面上静止的分析仪器或设备;二是如何给旋转轴上的测量电路供给能量。

信号传输采用感应无线传输方式,通过电磁感应把扭矩测量信号传输到静止的接收机,它的发射模块就是绕在被测轴上的感应线圈。感应无线传输的传输距离较无线电传输要短,准确度要低,但是它的优点是结构简单,安装实现比较方便,也不需要对机械结构进行大的修改。

传统的电能传输采用滑环、水银和电刷等直接接触的引电装置,这种输电结构必然会产生接触部位产生摩擦阻力和接触零件的磨损、发热等问题,导致的结果是传输性能不稳定、工作寿命短、不适合高速旋转或振幅较大的轴,同时,这种输电装置日常保养和维护也非常麻烦。此外,像钻井中钻具的扭矩测量、车辆旋转轴的扭矩测量、工业现场大型传动装置测量等场合,由于受测量环境约束,往往不适合使用有线传输方式。而电池供电的无线电在线监测传感器只能短时间工作,不能进行长期连续监测。电磁感应式无线供电技术能为在线监测传感器进行无接触供电,它是由感应电源送出的大功率电能经静、动线圈之间的耦合而获得,如图 1-23 所示。该供电方式能为传感器和发射机长期提供稳定的电源,使系统长期工作,实现扭矩在线监测。其无线在线监测传感器原理如图 1-24 所示。

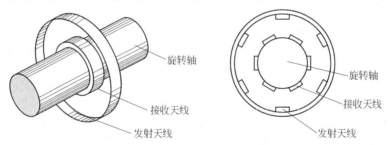

图 1-23　扭矩监测系统无线供电示意图

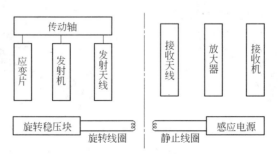

图 1-24　感应供电的无线在线监测传感器原理

E　小功率消费电子产品供电

a　无线供电手机

无线供电技术得到推广后，人们只需要一个充电器就可以给所有的设备都进行充电。而且，随着这项技术的不断推广，无线充电发射器可以在人们生活、居住、工作的每个地方很便利地找到，甚至可以在汽车、飞机上、宾馆里、办公地点安置充电发射器，这意味着人们不用再随身携带任何电线，即可随时随地为自己的电器进行充电。专业人士预计，无线充电接收器会充分"瘦身"，成为手机产品中内置的无线充电接收芯片，它只有指甲盖那么大。目前，很多国际知名手机厂商都很支持这一技术，无线充电器也有可能会与手机一起捆绑销售。

中国是世界最大的无线移动通信市场，对于便捷、易用、互通、兼容的无线充电产品的需求将呈几何级别增长。无线充电行业发展的巨大潜力，也能促进中国企业积极参与和研究这一市场，有效地提升企业的产品宽度和竞争能力。而中国本土的比亚迪公司，早在2005年12月申请的非接触感应式充电器专利中就使用了电磁感应技术；并且由于中国市场潜力巨大，预计中国市场的无线充电技术发展速度会很快。

美国Wild Charge公司的研究人员于2001年开始研发无线能量传输技术（wire - free electric power technology），2008年，他们设计的无线充电器获得国际消费电子展（CES2008）最佳创新奖，目前该产品已正式上市，其外形如图1 - 25所示。它可同时给多个内置了接收线圈的手机、MP3播放器等消费电子产品进行充电。

图1 - 25　美国Wild Charge公司的
手机无接触充电板

日本精工爱普生公司2008年7月发布了通用型非接触功率传输模块：S4E96400（原边）及S4E96401（副边）。该模块可实现2.5W功率传输，副边可实现5V/500mA输出，原、副边线圈仅厚0.8mm，且与电路模块分离，可独立配置，这样可以很方便地安装到手机等便携设备里。

日本富士通公司2010年9月13日宣布，已开发出无需连接电源线，只需靠近专用装置就能给手机充电的技术（见图1 - 26）。若真正实现"无线充电"，将会减少带充电器出门和连接电源等麻烦。富士通计划在2012年将其投入实际使用。该技术的特点为：近至数厘米远至数米，可以同时对数个机器进行充电。除了手机，该技术还被期待应用于笔记本电脑、数码相机等移动电子产品以及电

图 1-26　日本富士通公司开发的
手机无线充电设备

动汽车等方面。原有的无线充电技术需要将受电机器对准供电设备，和接线充电并没有太大区别。而新技术攻克了受电部件容易受周围金属影响的难题，成功地将该部件安装于手机内部。

据介绍，富士通的无线充电系统则是基于磁共振原理，电能可在两个共振频率相同的线圈之间无线传递。理论上，这一系统的工作范围可达数米，但富士通的测试距离仅为 15cm。在此距离上，传输效率为 85%，这意味着传输过程中损耗了 15% 的电能。传输效率会随着距离的增加逐渐衰弱。消费者可将设备放在富士通的系统附近进行充电，如放在传输线圈附近的桌面上。不同的设备即使对电量要求不同，也可同时充电。由于电能传输仅发生在两个共振频率相同的线圈之间，该系统对其他设备、装置、宠物和人都是安全的。

为避免不必要的浪费和产生更多的电子垃圾，中国正在执行手机充电器端口统一标准化。但对于无线充电技术来说，这一点将会得到最大程度的普及：不但手机可以使用，数码相机、iPhone 和 iPad、笔记本也都可以一同分享这种充电设备。日本富士通甚至准备推出一个更为高级的技术，将这种成功从便携式电子产品扩大到电动汽车充电中。富士通公司此举最终目的是在街头设置公用"充电点"，可以为便携数码设备以及电动汽车用户实现更方便的 24 小时全天候充电服务。除此之外，无线充电器还可节省耗能。虽然无线充电设备的效能接收在 70% 左右，和有线充电设备相等，但是它具备电满自动关闭功能，避免了不必要的能耗，而且这个效能接收率在不断提高，很快将能达到 98%。

　　b　无线供电电视

2010 年 1 月，在美国举行的"2010 International CES"上，海尔展出了利用无线供电技术实现的机身上没有电源插头的大屏幕电视（见图 1-27），并演示了播放以无线传输高清影像的高速通信标准"WHDI（wireless home digital interface）"传输的影像。此为电视机身上无"电线"的试制品，投产计划尚未确定。该产品中嵌装的无线电力传输系统，可将 100W 电力传输至相距约 1m 的设备上，可谓是一

图 1-27　海尔无线供电高清电视样机

款真正体现出"电源缆线消失之日"的试制机。

无线供电通过磁耦合（magnetic coupling）供电方式实现。试制电视的背面内置有约30.48cm（1ft）见方的线圈。可在距离约1m之外的地方供应100W的电力。可供电的距离取决于线圈的大小。据称，最远能以线圈直径的3~5倍距离供电。它演示了以设置在电视机背面20~30cm左右的供电装置供电的情形。

c　其他小功率无线供电产品

无线供电技术适用于一些小电器，例如电动剃须刀、电动牙刷。这些器具经常会在潮湿的环境下使用，电气连接的存在可能会导致漏电事故。无线供电技术使充电过程中没有裸露导体，从而将大大提高电器的可靠性和安全性。

早在20世纪70年代中期就出现了电动牙刷，随后发表了几项有关这类设备的美国专利。电动牙刷形状如图1-28所示。图1-29所示为韦伯斯特生物官能公司申请的外科手术托盘上工具的感应式充电专利。

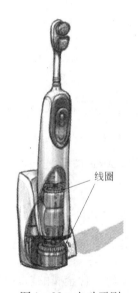

图1-28　电动牙刷

图1-29　无绳电动工具

如图1-28所示，当牙刷不用时，杯型底座通过电磁感应给牙刷中的电池充电。虽然传输的功率比较低，但感应耦合技术极好地满足了这种应用。

如图1-29所示，采用充电式托盘用于给无绳电动工具感应式充电，这样简化了再充电，同时能保持各个工具的无菌性。磁场发生器位于托盘表面的下方，并在托盘的表面处产生有足够电力的随时间变化的磁场，以便给放置在托盘上的工具感应式充电。工具内置了感应线圈，用于吸收磁场的能量，存储在并联的电容上。它不需要在磁场发生器和工具之间有任何物理接触，无论工具何时放置在托盘上都可以再充电，因此减少了在手术进程中工具用光电力的次数。

图1-30所示为飞机座位上的感应式电能传输系统，该系统可用于给每个座位旁的娱乐设施提供能量，每个单元大约消耗50W能量。密封的初级电能传输线圈嵌入乘客机舱的地板，座位上采用次级感应耦合能量接收线圈。在频率为28kHz时通过感应耦合界面进行能量传输，传输效率为52%。这种电能传输装置易拆开，易装上，使座位在飞机内可以灵活地移动，同时提高了系统的安全性、可靠性和舒适度。

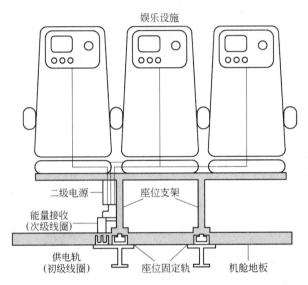

图1-30　飞机座位上的感应式娱乐系统构造及位置

F　智能服装上的应用

电子纺织品正快速地发展，智能型纺织品技术，包括各种人因工程传感器、初级智能的硬件装置都是需要电源供应的。利用感应方式为智能型纺织品系统提供能量，这在智能服装行业有巨大的市场潜力。

将金属镀层纤维、含金属的复合材料纤维、纯金属丝、含金属的短纤维纱线制成导电纱，导电纱以假捻、包绕、并线等纱线加工手段纺成加工纱线。运用不同的材质、形状、大小、圈数、线距及织物结构，使用导电纱线在纺织品上形成感应线圈。当外界有电磁波信号时，接收线圈通过磁力线密度变化产生电动势并提供给智能型纺织品的传感器使用，并可通过无线传输技术将资料传至用户终端做处理分析。织物或家饰品接收面积大，感应线圈并不受限于面积范围，可分布在空间中的不同方位；不同的织物结构可事前设计，组合实现较为自由。图1-31所示为线圈与织物整合设计示意图。

G　采矿和油井勘探

我国的矿藏资源比较丰富，实现安全生产十分重要。随着现代化程度的不断

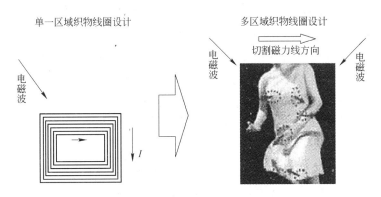

图 1-31 线圈与织物整合设计

提高和开采运输距离的增加,对采掘、运输、照明和电能传输系统可靠性、安全性的要求越来越高。新型感应式电能传输系统不受周围环境和天气的影响,采用该系统可以解决目前在采矿、水下探测等环境较恶劣的行业中存在的设备电能传输问题。现在许多海底石油、天然气生产设备都采用感应电能传输器进行充电。

在井下,感应式电能传输系统可以在矿车卸矿时进行充电,从而减少车载电池的数量,降低车身质量,提高生产效率,同时保证安全运行。图 1-32 所示为采用同轴绕组变压器给运动负载进行大功率电能传输的系统,该系统可用于拖车、传送装置以及在地下矿区运行的其他支撑设备。多个运动负载可以通过独立的同轴绕组变压器接收能量,同轴绕组变压器沿着单匝初级导体自由移动。能量传输是通过一个大型的高频电源电能传输,工作频率为 2kHz。该系统涉及负载达到 10 个,每个负载功率为 100kW,整个系统功率达 1MW。

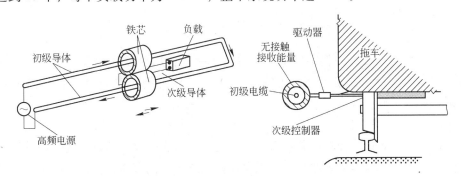

图 1-32 用于采矿设备的移动感应式电能传输系统

感应式电能传输系统在石油开采勘探方面具有效率高(可达 90% 以上)、安装方便、控制性能好的特点,有着广阔的应用前景。如图 1-33 所示,美国 Bahrain 油田应用井下感应加热器在浅层角砾储层中开采重质原油。选用 Madis 感应加热系统,将高压三相交流电传送到井下转换器,转换器再将其转换成低频、高电流能量。该加热系统对井没有特殊要求，井下温度可由地面调节装置来控制。它由引入工具和生产油管组成，引入工具串联在油管上，并放入相应地层。感应工具总成由三相 ESP 电缆供电，随着油管一起下入井内。感应器通过铁磁套管利用电能感应加热储层，并且通过 ESP 电缆用高电压、低电流传送三相电。在地面调节装置的帮助下，三个感应单元可以根据需要加热至不同的温度，传送能量的 60% 能够转换为热量。

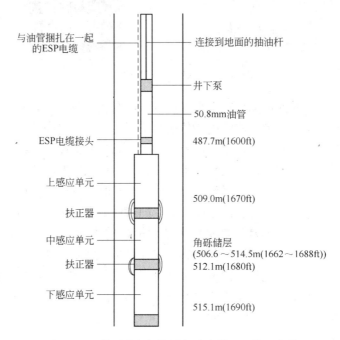

与油管捆扎在一起的ESP电缆

连接到地面的抽油杆

井下泵

50.8mm油管

ESP电缆接头　487.7m(1600ft)

上感应单元

509.0m(1670ft)

扶正器

中感应单元

角砾储层
(506.6～514.5m(1662～1688ft))
512.1m(1680ft)

扶正器

下感应单元

515.1m(1690ft)

图 1-33　井下感应加热器各感应单元的位置安排

参考文献［82］中将中频感应加热技术用于油管清洗，可节约油管修复成本，提高了油管清洗的自动化程度，改善了工作环境，也取得了很好的应用效果。

H　移动式机器人

移动式机器人已经在国防、医疗、工业等诸多方面显示出越来越广泛的应用前景。传统的机器人系统中，由于供电和信号传输线的存在，机器人的运动受到限制。同时，机器人重复运动造成的电气触点磨损降低了系统的可靠性和使用寿命。由于蓄电池容量的限制，以及对机器人自动充电的迫切要求，利用感应充电实现机器人无缆化行走与自动充电意义重大。感应式电能传输方式的显著优点是：整个驱动系统包括驱动电机，变换器，电流、速度和位置控制回路，它们都设置在机器人肢体中，减小了体积；控制信号可以同样采用感应式方式传输，避免了采用移动电缆导致机器的运动受限以及由于电缆磨损所带来的操作失误等缺点。旋转式感应电能传输系统用于机器人驱动器的活动部位，能量和数据的传输同时进行，通过信号的双向传输，实现系统的智能控制。

1991 年，Albert Esser 和 Hans Christoph Skudelny 将能量的感应传输应用于驱动机器人，提高了机器人的运动灵活性。1996 年，Atsuo Kawamura 等人研制出应用于机器人操作手的谐振式变换器进行无线能量和信号的传输。2000 年，Juu-ji Hirai 等人正式提出将能量的感应传输应用于蓄电池驱动的移动机器人系统的电池充电。同年，清华大学机器人技术及应用实验室将感应耦合充电方法应用于无缆化拟人机器人充电。

巡线机器人（见图 1 - 34）用于对输电线路运行故障检测和安全事故巡视，并将所检测的信息实时向地面传送，由地面进行分析处理。在常规地面运作时，一般采用小型蓄电池定时更换方式。但是，高压输电线路分布在野外，跨越山川湖泊，巡线机器人作业时，能量消耗大，而现场没有可供充电的电源，并且频繁地更换蓄电池会造成诸多不便，极大地限制巡线机器人的广泛应用。武汉大学研究了通过感应取电的方式为机器人提供电源的供电系统。设计磁芯和线圈从高压线路上获取电能，获取的电能通过开关电源转换为稳流源，并通过充电电路向巡线机器人供电。

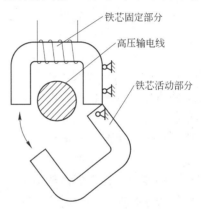

铁芯固定部分

高压输电线

铁芯活动部分

图 1 - 34　巡线机器人磁芯结构示意图

1.4.3.2　潜在的部分特殊应用领域

A　给一些在难以架设线路或危险地区工作的设备供应电能

高山、森林、沙漠、海岛等地的台站有时遇到架设线路困难的问题，而工作在这些地方的边防哨所、无线电导航台、卫星监控站、天文观测点等需要生活和工作用电，无线输电可补充电力不足。此外，无线输电技术还可以给游牧等分散区村落无变压器供电和给用于开采放射性矿物、伐木的机器人供电。

B　给在井下或水下的勘探设备供电

我国的矿藏资源比较丰富，实现安全生产十分重要。随着现代化程度的不断提高和开采运输距离的增加，对采掘、运输、照明和电能传输系统可靠性、安全性的要求越来越高。电磁感应式无线供电系统不受周围环境和天气的影响，随着电磁感应无线供电技术的成熟，它可以解决目前在采矿、水下探测等环境较恶劣的行业中存在的设备电能传输问题。

C　解决地面太阳能电站、水电站、风力电站的电能输送问题

我国的新疆、西藏、青海等地降雨量少、日照充足（年日照时间 3000h）、存在大片荒芜土地，有利于建造地面太阳能发电站。可是，这些地区人烟稀少、地形复杂，架设线路比较困难。利用无线供电技术，可以建立一系列微波中继站，将电能输送到便于架设线路的地方后再归入有线电网。又如我国云南等地水力、风力资源丰富，但在崇山峻岭之中难以架设线路，无线供电技术就有了用武之地。

D　用于研制微波飞机

微波飞机就是以微波作为动力推进运动的无人驾驶的飞行器。这种飞机的结构与一般飞机类似，不同的是它装有微波接收天线和整流器，可把地面和空中供给它的微波能转变成直流电，用来驱动飞机发动机。美国曾做过微波飞机的试验。1996 年，在日本举行的空间能源会议上，也有人做了微波飞机的原理性演示，其飞行高度为 3m，持续时间为十几分钟。微波飞机可代替人员担任昼夜不停的边防巡逻警戒任务，也可用于战场监视、预警和目标侦察等。微波飞机与无人驾驶的预警飞机和侦察飞机相比，质量轻，体积小，比一枚导弹的造价低得多，即使遭到对方的袭击，也可换取可观的效费比，它在现代电子战中扮演着重要的角色。

E　传送卫星太阳能电站的电能

事实上，从低频波到宇宙射线，人们周围到处存在着电磁波，它们都携带着或多或少的能量。在不少物理学家看来，人们要做的或许仅仅是找到合适的办法接收和利用这些能量。特斯拉的想法虽然难以现实，但无线电能传输对于新能源的开发和利用、解决未来能源短缺问题有着重要的意义，因此，许多国家都没有放弃这方面的研究。1968 年，美国工程师 Peter Glaser 提出了空间太阳能发电（space solar power，SSP）的概念，其构想是在地球外层空间建立太阳能发电基地，通过微波将电能传输回地球（见图 1－35），并通过整流天线把微波转换成电能。1979 年，美国航空航天局 NASA 和美国能源部联合提出太阳能计划——建立 “SPS 太阳能卫星基准系统”。欧盟则在非洲的留尼汪岛建造了一座 10^5 kW 的实验型微波输电装置，已于 2003 年向当地村庄送电。野心勃勃的日本拟于 2020 年建造试验型太空太阳能发电站 SPS2000，2050 年进入规模运行。

卫星太阳能电站就是用运载火箭或航天飞机将太阳能电池板或太阳能聚光镜等材料发送到赤道上空 35800km 的地球静止同步轨道上，在那里，宇航员或机器人将它们安装起来，或者太阳能电池把阳光直接转变为电能，或者用太阳能聚光镜把阳光汇聚起来作为热源，像地面热电厂一样发电，这样产生的电能供给微波源或激光器，然后采用无线输电技术将大功率电磁射束发送至地面，接收到的微波能量经整流器后变成直流电，由变、配电设施供给用户。

图 1-35　太阳能发电微波无线能量传输示意图

1.5　本章小结

　　本章首先对无线供电技术进行了概述性的介绍，并对无线供电技术的研究背景和研究意义进行了分析，对无线供电技术的诞生和历史发展做了详细的介绍。对电磁辐射式无线供电、电磁谐振式无线供电、电磁感应式无线供电分别进行了比较详细的介绍和分析，并对 3 种无线供电技术的技术参数和传统供电技术的技术参数进行了比较和对比。对无线供电技术的研究趋势、国内外的理论研究进展和国内外应用研究进展进行了详细的分析和介绍。

2 无线供电技术的拓扑结构分析

2.1 概述

无线供电技术的发展依赖于三大技术，即磁耦合技术、高频电源技术及电力电子技术，这三项技术的发展进步是电磁感应式无线供电系统得以发展的根本保证，三大技术的贯穿融合于电磁感应式无线供电系统的各个环节。要开拓新的应用领域，就需要不断改善初、次级系统的供电性能，优化和改进磁耦合结构，提高耦合能力。

2.1.1 磁耦合技术

无线供电系统的变压器与传统的变压器的本质区别，在于初、次级线圈之间的耦合性能差异。耦合系数 k 用来度量两个线圈磁耦合程度，$0 \leqslant k \leqslant 1$。对于传统的变压器，耦合系数通常在 $0.95 \sim 0.98$ 之间，接近于 1。而非接触电能传输系统的变压器属于疏松耦合式系统，耦合系数通常在 0.8 以下，有的甚至不到 0.1。用 0.5 作为阈值分界，定义 $k < 0.5$ 时，线圈间称为松散耦合；$k > 0.5$ 时，则称为紧耦合。初、次级线圈之间的耦合性能是非接触能量传输系统设计的核心和基础。耦合性能越好，传输效率就越好，系统的稳定性就越高。当初、次级线圈相对位置发生变化时，必然导致耦合性能变化，初、次级电路也需要相应地通过调节保证输出恒定。

影响这类结构耦合特性的主要因素为线圈的形状和几何参数，以及初、次级线圈间媒质的磁导率。因此，本章将围绕线圈的形状和几何参数这两个方面对耦合变化特性的影响进行研究。讨论它们的自感及线圈相对位置发生变化时互感的计算方法，进一步分析计算线圈形状和尺寸对耦合变化特性的影响，最后通过实验研究验证分析计算结果。为了得到最大的传输效率，需要选择合适的线圈拓扑形式。对于非接触能量传输系统的初、次级线圈，它的电感 L、等效电阻 R 以及自身的固定谐振频率 ω_0 是最重要的参数。当线圈的大小指定时，电感 L 的大小受线圈的匝数 N、线圈的外形、通过的工作电流的频率 f 的影响。

无线供电技术中，耦合性能越好，传输效率就越好，系统的稳定性就越高，因此，初、次级线圈之间的耦合性能是电磁感应式能量传输系统设计的核心和基础。当初、次级线圈相对位置发生变化时，必然导致耦合性能变化，初、次级电路也需要相应地通过调节来保证输出功率的恒定。所以耦合性能是电磁感应式无线供电系统的重要性能指标。

2.1.2　高频电源技术

电力电子电路与系统低频下可以省略的某些寄生参数，在高频下将对某些电路性能产生重要影响，尤其是磁元件的涡流、漏电感、绕组交流电阻和分布电容等在高频和低频下表现有很大的不同。

高频环逆变技术可以有效地减少输出变压器和交流滤波器的体积质量、提高逆变器的功率密度。

谐振开关技术可以使功率器件两端的电压或流过的电流呈区间性正弦规律变化，而且电压、电流位移错开，以实现功率器件零电流开关或零电压开关，使开关损耗理论上降为零。谐振逆变技术的实质就是在主电路上增加储能元件电感 L、电容 C，并利用高频变压器漏抗和电路中的寄生电感和寄生电容，构成谐振回路。功率器件换流时，LC 回路产生谐振，迫使功率器件上的电压或电流迅速降为零，消除了高频时产生的电压尖峰和浪涌电流，极大降低了器件的开关应力，消除了电磁干扰和电源噪声，从而提供理想的开关条件。这相当于谐振参数吸收了高频变压器漏抗、电路中的寄生电感和功率器件的寄生电容。

现有谐振功率变换器逆变器部分采用的拓扑结构多种多样，有全桥、半桥、Boost 等。提高变换器效率，减小输出谐波分量，实现正弦波电压或电流电能传输，这将是初级变换器研究和发展的方向。目前，谐振开关电源已经达到兆赫兹级别，效率达 80%。

在非接触耦合器工作过程中，其间隙变化会使漏感与励磁电感发生变化，从而导致谐振电路等效谐振电感变化。因此，设计自适应气隙变化的谐振变换器是当前非接触电能传输研究领域的一个重要方面。

串联谐振发生时，电流为：

$$I = I_m \sin(\omega_0 t) \tag{2-1}$$

回路电阻 R 上消耗的功率为：

$$P_R = I^2 R = I_m^2 \sin^2(\omega_0 t) R \tag{2-2}$$

电源供给谐振电路的功率为：

$$P_E = IU = U_m I_m \sin^2(\omega_0 t) = I_m^2 R \sin^2(\omega_0 t) \tag{2-3}$$

可见，电源供给谐振电路的功率全部消耗在电阻 R 上，它转变为热能。电感线圈和电容器是储能元件，电感储存磁场能为 W_L，电容储存电场能为 W_C。其计算式分别为：

$$
\begin{cases}
W_{\mathrm{L}} = \dfrac{1}{2}LI^2 = \dfrac{1}{2}LI_{\mathrm{m}}^2\sin^2(\omega_0 t) = \dfrac{1}{2}LI_{\mathrm{m}}^2\left[\dfrac{1}{2} - \dfrac{1}{2}\cos(2\omega_0 t)\right] \\[3mm]
W_{\mathrm{C}} = \dfrac{1}{2}CU^2 = \dfrac{1}{2}C\left[\dfrac{I_{\mathrm{m}}}{\omega_0 C}\sin\left(\omega_0 t - \dfrac{\pi}{2}\right)\right]^2 = \dfrac{1}{2}LI_{\mathrm{m}}^2\cos^2(\omega_0 t) = \dfrac{1}{2}LI_{\mathrm{m}}^2\left[\dfrac{1}{2} + \dfrac{1}{2}\cos(2\omega_0 t)\right]
\end{cases}
$$

$$(2-4)$$

任何时刻回路中储存的总能量为：

$$
W = W_{\mathrm{L}} + W_{\mathrm{C}} = \frac{1}{2}LI_{\mathrm{m}}^2 \tag{2-5}
$$

每周期 T 内，电阻 R 上消耗的能量为：

$$
W_{\mathrm{R}} = \int_0^T P_{\mathrm{R}}\mathrm{d}t = \int_0^T I_{\mathrm{m}}^2\sin^2(\omega_0 t)R\mathrm{d}t = \frac{1}{2}RTI_{\mathrm{m}}^2 \tag{2-6}
$$

由此可见，串联谐振回路中储存的能量之和保持不变，而电场能和磁场能以两倍于电源频率的频率互相转换，能量转换的同时电阻消耗能量 W_{R}。储存的总能量 W 与每周期 T 内电阻 R 上消耗的能量 W_{R} 之比为：

$$
\frac{W}{W_{\mathrm{R}}} = \frac{\dfrac{1}{2}LI_{\mathrm{m}}^2}{\dfrac{1}{2}RTI_{\mathrm{m}}^2} = \frac{L}{RT} = \frac{L}{R}\cdot\frac{1}{\omega}\cdot\frac{1}{2\pi} \tag{2-7}
$$

2.1.3   电力电子技术

电力电子技术是应用半导体功率器件的开通和关断，实现对电能的变换和控制的技术。它包括电压、电流、频率、相数和波形等方面的变换，电力电子技术是电力技术（发电机、变压器等电力设备和处理电能的电力网络）、电子技术（各种电子器件和处理信息的电子电路）和控制技术（模拟控制理论和数字控制理论）三者结合的一种新兴交叉学科。

为保证供电系统的电能质量，包括电压、频率及波形等指标满足电能质量标准的要求，就必须采用一系列的技术措施，即电能质量控制技术。电能质量控制技术的内容与电能质量问题的性质密切相关。在传统电能质量问题中，电压偏差的调整、频率偏差的调整、三相不平衡的补偿等本质上都属于电能质量控制的范畴。在现代电能质量问题中，谐波的抑制、电压波动与闪变的控制、电压暂降与短时中断的缓解等已成为电能质量控制的重要内容。因此，电能质量控制包括在电力系统稳定运行状态下，能够保证供电系统电能质量符合标准的电力供应的各种措施，这些措施根据具体目标的不同可以称为控制、抑制、缓解、减缓、消除等，它们都属于电能质量控制技术。

电能质量控制的核心就是能够对供电系统的电力进行控制、变换，为用户或供电方提供满足要求、质量合格、效能最佳的电力。而完成这种控制与变换的关键就是各具特色的电力电子器件及其控制电路。与电能质量控制技术应用相关的电力电子器件正在向高耐压、大电流、低损耗及高频化方向发展。现代电能质量控制技术还与蓄能技术、信息处理技术发展密切相关。蓄能技术为电能质量控制技术提供了能量缓冲、平衡及后备的手段。信息技术的发展则为电能质量控制系统的检测、算法实现、数据通信等提供了实现的途径。

2.2　无线供电系统结构及工作原理

2.2.1　无线供电系统的结构

　　根据工作过程中初、次级绕组之间相对位置的不同存在方式，无线供电系统按结构可分为三类：分离式、滑动式（直线式）和旋转式无线供电系统，分别用于给相对于初级系统保持静止、滑动和旋转状态的电气设备充电。图 2 - 1 和图 2 - 2 所示为这几种系统比较典型的电磁结构示意图。

图 2 - 1　滑动式无线供电结构

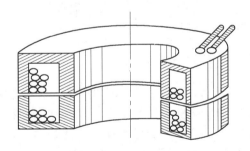

图 2 - 2　分离式、旋转式无线供电结构

2.2.2　无线供电系统的工作原理

　　与传统的变压器电能传输系统相比，无线供电系统耦合系数较小，所以增加磁能积利用率、减小体积、提高系统的功率传输能力是无线供电首先要考虑的问题。于是在设计无线供电系统时，初级电路通常采用高频变流和逆变技术，使交流电压在较高的频率上工作。图 2 - 3 所示为无线供电系统的工作原理方框图，无线供电系统的基本结构包括：初、次级电路以及感应耦合电磁结构。初级交

电压经初级电路，由初级绕组与次级绕组耦合，次级绕组耦合得到的电能经次级电路供给负载使用，同时利用初、次级绕组还可以实现信号的双向传输。

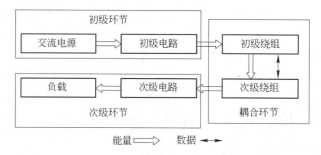

图 2－3 无线供电系统工作原理方框图

系统工作时，在输入端将经整流、逆变的单相低频交流电转换成高频交流电流供给初级绕组。次级端口输出的电流为高频电流，根据负载用电需要，若为直流负载，则将高频电流经过整流后为负载供电；若为交流负载，则根据需要进行交交变频或交直交逆变处理。这种能量传输方式有以下优点：

（1）没有裸露导体存在，感应耦合系统的能量传输能力不受环境因素，如尘土、污物、水等的影响。因此，这种方式比起通过电气连接来传输能量更为可靠、耐用，且不发生火花，不存在机械磨损和摩擦。

（2）系统各部分之间相互独立，可以保证电气绝缘。

（3）采用多个次级绕组接收能量时可为多个用电负载电能传输。

（4）变压器初、次级线圈可以相互分离，配合自由，可以处于相对静止或运动状态，适用范围也更广泛。

2.3 无线供电系统拓扑结构分析

为了便于分析，本文用3个类定义无线供电系统的3个环节，即作为供能和接收环节的初级电路和次级电路，以及传输环节的耦合电路，尽管用途及实现方式不同，但各个类都具有同样或相近的特性。在此基础上对3大环节进行分析，得到无线供电系统性能的影响因素。根据系统的实现方式的不同划分适当的拓扑结构，总结出无线供电系统的选型和参数匹配的方法，各个环节各有侧重。可以针对不同的应用场合，对各个环节的约束条件进行取舍和优化，通过结构创新，提高磁能积利用率，减小体积，提高工作性能和传输效率。

2.3.1 供能环节——初级电路

初级端供电质量将直接影响传输性能，它是新型感应式传输系统中的重要构件。提高变换器效率，减小输出谐波分量，实现正弦波电压或电流供电是初级变换器研究和发展的方向。实际应用中，初级变换器一般包括整流电路与高频逆变电路两部分。为了提高变换效率，常采用谐振技术，利用初级绕组漏电感实现谐振变换。

为了减小输出谐波分量，提高系统的传输效率，一般采取正弦波电压或正弦波电流供电。为了验证设计实验的有效性和准确性，本文实验中初级逆变电路均采用作者所在实验室研制的数字化实验平台。波形发生电路由控制电路和逆变电路组成。控制电路以德州仪器公司（TI）推出的面向电机控制的 32 位处理器 TMS320LF2812 DSP 芯片（下文中简称 DSP2812）为核心。TMS320LF2812 DSP 将高速的数据处理能力与面向电机的高效控制能力集于一体，主要具有以下特点：

（1）运算速度快，指令周期为 6.67ns。

（2）32 位定点运算，支持 32×32MAC 运算和双 16×16MAC 运算。

（3）128k 字片内 FLASH，128k 字片内 ROM，18k 字片内 SARAM，4M 字的线性寻址空间（统一编址）。

（4）16 通道 12 位 A/D 转换器。

（5）3 个外部中断口，PIE 支持 45 个外设中断。

（6）2 个事件管理器（EV），事件管理器中有 12 路全比较 PWM 输出，4 个通用定时/计数器，6 路捕获器。

（7）内置 PLL 单元与看门狗实时中断模块。

（8）具有串行通信接口与 ECAN 总线接口。

以 TMS320LF2812 DSP 芯片为控制核心单元的控制电路原理如图 2-4 所示。主电路的过流保护信号接 DSP2812 的 PDPINT 引脚，利用功率驱动保护中断向监控程序进行异常报警，为系统提供安全保护。驱动电路采用智能功率模块（IPM），其内部集成 IGBT 器件、驱动电路及保护电路，使用方便，工作性能可靠。相电流由霍尔传感器读取，经 A/D 转换送入 DSP，DSP 控制器比较单元生成 PWM 调制信号送入驱动集成电路放大后驱动电机。所做整个 DSP 数字化实验平台如图 2-5 所示。

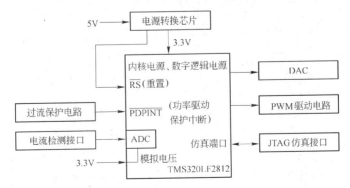

图 2-4 以 TMS320LF2812 DSP 芯片为控制核心单元的控制电路原理

图 2 - 5 DSP 控制板（上层）与逆变驱动电路（下层）实物图

利用 DSP2812 控制逆变电路实现 PWM 电流源控制，功率放大电路采用 E 型放大器。当电压源逆变器以正弦波脉宽调制方式（SPWM）运行时，施加在变压器初级端的电压接近正弦。为了在初级端得到基波和高频波的叠加波，可推知应该用叠加波取代正弦波作为调制波。为方便起见，以单相全桥逆变电路为例来研究叠加电压的 PWM 调制行为，所得的结论将不失一般性。单相全桥逆变器电路

如图 2 - 6 所示，它是由 4 个 IGBT 全控器件和 4 个续流二极管组成的单相全桥逆变器。PWM 发生电路产生占空比为 50% 的 PWM 控制信号，由于电路上、下桥臂的 MOSFET 不可以同时导通，因此，添加死区时间延迟单元。T_1、T_4 导通的时候，T_2、T_3 关闭；T_2、T_3 导通的时候，T_1、T_4 关闭。

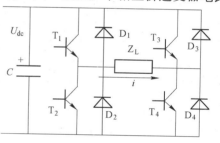

图 2 - 6 单相全桥逆变器电路

为了方便实验中电压源和电流源的实验比较，使用 EI 的 LM358p 放大器芯片，实现电压源到电流源的转换，其电路如图 2 - 7 所示。

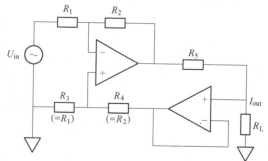

图 2 - 7 基于 LM358p 电压源到电流源的转换电路

U_{in}—输入电压；I_{out}—输出电流；$R_1 \sim R_5$—电阻；R_L—负载电阻

2.3.2 传输环节——耦合电路

2.3.2.1 无线供电系统初、次级耦合模型分析

载流线圈之间通过彼此的磁场相互联系的物理现象称为磁耦合。耦合的效率决定了能量传输的效率，同时也决定了能量传输的距离。耦合线圈中的磁通链等于自感磁通链和互感磁通链两部分的代数和，并且与施感电流呈线性关系，是各施感电流独立产生的磁通链叠加的结果。如果两个耦合的电感 L_1 和 L_2 中有变动的电流，各电感中磁通链将随电流变动而变动。设 L_1 和 L_2 的电压和电流分别为 u_1、i_1 和 u_2、i_2，且都取关联参考方向，互感为 M，则两耦合电感的电压电流关系为：

$$\begin{cases} u_1 = L_1 \dfrac{\mathrm{d}i_1}{\mathrm{d}t} \pm M \dfrac{\mathrm{d}i_2}{\mathrm{d}t} \\ u_2 = L_2 \dfrac{\mathrm{d}i_2}{\mathrm{d}t} \pm M \dfrac{\mathrm{d}i_1}{\mathrm{d}t} \end{cases} \tag{2-8}$$

工程上为了定量描述两个耦合线圈的耦合紧疏程度，定义了耦合因数，用 k 表示：

$$k = \frac{M}{\sqrt{L_1 L_2}}$$

k 的大小与两个线圈的结构和相互位置以及周围磁介质有关。改变或调整它们的相互位置有可能改变耦合因数的大小；当 L_1 和 L_2 一定时，如需改变 k 的大小，就需相应地改变互感 M 的大小。

分析初、次级绕组之间耦合的建模方法，最常使用的是传统的变压器模型和互感模型。

传统的变压器模型使用电压和负载电流的概念来描述耦合效应。电压和负载电流通过微分来定义。将激磁电感和漏电感分开来考虑，由于耦合紧密，通常可以忽略其漏电感，这种耦合模型比较适用于耦合系数较高的变压器系统分析。

在变压器模型中，由于漏感很小，初次级线圈的关系用假定为恒定的交换能量表达它们电路参量的关系。类似地，对于感应式电能传输系统，尽管漏感很大，仍然可以用恒定的物理量表示初次级电路的参量的对应关系。该恒定的物理量指示了初次级实际的能量交换能力，这个物理量就是互感 M。

互感模型利用反映阻抗来描述初、次级系统之间的耦合效应。初次级电路的主要参数都可以通过互感来表达。反映阻抗表示初、次级绕组间的相互全部影响，不需要将互感与漏电感分开考虑，这是这种模型分析的主要优点。缺点在于为了简化计算，互感公式的原型一般都比较简单、理想化，在实际应用中还是有

比较大的误差，需要实际验证。

2.3.2.2 初、次级能量交换中的反映阻抗分析

感应式电能传输系统电路中的反应阻抗包括次级反映阻抗 Z_{r2} 和初级反映阻抗 Z_{r1}。从能量传递的角度看，反应阻抗相当于初、次级电路通过初、次级线圈的耦合，在相对电路中反映出来的阻抗（见图 2−8）。

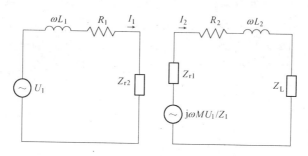

图 2−8 引入反映阻抗后的初、次级等效电路

次级系统对初级的影响通过次级反映阻抗 Z_{r2} 来体现。次级反映阻抗 Z_{r2} 表示次级电路的阻抗 Z_2 通过耦合在初级电路中表现的电阻值，它反映了次级电路阻抗对初级电路的影响。初级电路中，次级反映阻抗 Z_{r2} 吸收的复功率就是次级系统吸收的复功率，它直接反映了系统的功率传输性能。

$$Z_{r2} = -\frac{j\omega M \times \dfrac{j\omega M I_1}{Z_2}}{I_1} = \frac{\omega^2 M^2}{Z_2} = \frac{\omega^2 M^2 \bar{Z}_2}{Z_2 \bar{Z}_2} = \frac{\omega^2 M^2}{|Z_2|^2} \times \bar{Z}_2 \qquad (2-9)$$

式中　Z_{r2}——次级反映阻抗；

　　　　j——虚数单位；

　　　　ω——系统固有频率；

　　　　M——互感；

　　　　I_1——初级电流；

　　　　Z_2——次级电路的阻抗。

同时，定义：

$$Z_{r2} = \frac{\omega^2 M^2}{|Z_2|^2} \times \bar{Z}_2 = \frac{\omega^2 M^2}{|Z_2|^2} \text{Re}\,(\bar{Z}_2) + j\frac{\omega^2 M^2}{|Z_2|^2}\text{Im}\,(\bar{Z}_2) = R_{r2} + jX_{r2} \qquad (2-10)$$

式中　R_{r2}——次级反映电阻；

　　　　X_{r2}——次级反映电抗。

R_{r2} 和 X_{r2} 分别对应次级反映阻抗 Z_{r2} 的实部和虚部。通过上面的分析可以看

到，次级反映电阻的大小直接体现了系统传输有功功率的大小，次级反映电抗指示了系统传输中由于次级阻抗的存在引入的无功功率的大小。

$$R_{r2} = \mathrm{Re}\ (Z_{r2}) = \frac{\omega^2 M^2}{|Z_2|^2}\mathrm{Re}\ (\bar{Z}_2) = \frac{\omega^2 M^2 (R_2 + R_L)}{(R_2 + R_L)^2 + \omega^2 L_2^2} \qquad (2-11)$$

$$X_{r2} = \mathrm{Im}\ (Z_{r2}) = \frac{\omega^2 M^2}{|Z_2|^2}\mathrm{Im}\ (\bar{Z}_2) = \frac{\omega^2 M^2 (R_2 + R_L)}{(R_2 + R_L)^2 + \omega^2 L_2^2} \times (-\omega L_2) = \frac{\omega^3 M^2 L_2}{(R_2 + R_L)^2 + \omega^2 L_2^2}$$

$$(2-12)$$

式中　R_2——次级绕组电阻；

　　　R_L——负载电阻；

　　　L_2——次级绕组电感。

图 2 - 9 所示为按式（2 - 11）和式（2 - 12）计算所得的次级反映电阻和次级反映电抗随频率和负载变化的关系曲线。随着频率的增加，反映电阻呈逐渐增大的趋势。而当频率恒定时，在特定的负载下，反映电阻达到最大值。反映电抗为负值。随着负载的增加，反映电阻和反映电抗都趋向于零。

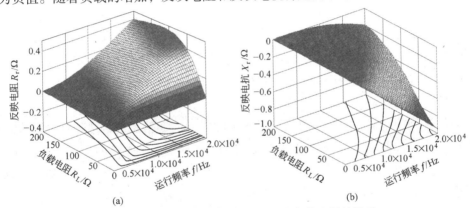

图 2 - 9　次级反映阻抗与运行频率和负载电阻的关系

（$L_1 = 0.761\mu H$；$L_2 = 824\mu H$；$M = 79\mu H$；$R_1 = 0.079\Omega$；$R_2 = 0.079\Omega$；$R_L = 10\Omega$）

（a）次级反映电阻；（b）次级反映电抗

2.3.3　接收环节——次级电路

对于作为电磁能量接收环节的次级电路，它们的后处理方式选择自由，评价的指标不同。次级电路的主要工作在于纹波过滤和功率补偿。不改变原始负载的电压、电流而提高功率因数的过程称为功率因数的改进。纹波过滤和功率补偿都是功率因数改进的方法。

2.3.3.1　提高功率因数的措施——次级电路纹波过滤

国际上公认的谐波的含义为：一个周期电气量的正弦波分量，其频率为基波频率的整数倍。因此，次级电路中的纹波指的是掺杂在基波频率中的高次谐波。

畸变的电流 $i(t)$ 或电压 $v(t)$ 波形可以展开成傅立叶级数：

$$\begin{cases} i(t) = \sum\limits_{h=1}^{\infty} I_h\cos(h\omega_0 t + \phi_h) \\[2ex] v(t) = \sum\limits_{h=1}^{\infty} V_h\cos(h\omega_0 t + \theta_h) \end{cases} \qquad (2-13)$$

式中　I_h——第 h 次谐波峰值电流；

　　　V_h——第 h 次谐波峰值电压；

　　　ϕ_h——第 h 次谐波电流相位；

　　　θ_h——第 h 次谐波电压相位；

　　　ω_0——基波角频率。

高次谐波会干扰电能传输系统并引起电磁波畸变，并伴随功率损耗、发热和电磁干扰，影响设备和负载的正常运行。谐波的影响可以概括为以下几个方面：

（1）使电容器组、变压器和用电设备发热和产生故障，还会使电路中的元件产生附加的功率损耗，降低输电和用电设备的效率。

（2）使输电线和变压器的铜耗和铁耗增加。

（3）使控制系统和保护电路误动作。

（4）使测量仪表工作不精确。谐波会对邻近的通信系统产生干扰，轻者产生噪声，降低通信质量；重者导致信息丢失，使通信系统无法正常工作。

（5）会引起公用电网中局部的并联谐振和串联谐振，从而使谐波放大，这就使前几个方面的危害大大增加，甚至引起严重事故。

A　电磁感应式无线供电系统中的谐波

谐波主要来源为器件噪声。一切非线性的设备和负荷都是谐波源。谐波源产生的谐波与其非线性特性有关。当前电力系统的谐波源，其非线性特性主要有铁磁饱和型、电子开关型和电弧型 3 大类。

在感应式电能传输系统的线圈带磁芯工作时，为了最大利用材料的磁能积，节省原材料，系统的工作点经常会深入磁芯饱和区，这会引起铁磁饱和谐波增加。交直流换流装置（整流器、逆变器）内部的整流开关和逆变开关等器件也是造成系统非线性特性的原因。

非正弦周期量偏离正弦波的程度常以各次谐波有效值的平方和的方根值占基波有效值的百分比来表示，称为畸变率（THD，total harmonic distortion）。电流的谐波畸变率（也称电流畸变因数 CDF，current distortion factor）为：

$$THD_I = \sqrt{\left(\frac{I_{rms}}{I_{1rms}}\right)^2 - 1} = \frac{1}{I_1}\sqrt{\sum_{h=2}^{\infty} I_h^2} = \frac{\sqrt{I_2^2 + I_3^2 + \cdots}}{I_1}$$

式中 I_{1rms}——基波电流有效值;

I_{rms}——各次谐波电流有效值;

I_1——基波电流峰值;

I_h——第 h 次谐波电流峰值。

同理,电压的谐波畸变率(也称电压畸变因数 VDF, voltage distortion factor)为:

$$THD_U = \sqrt{\left(\frac{U_{rms}}{U_{1rms}}\right)^2 - 1} = \frac{1}{U_1}\sqrt{\sum_{h=2}^{\infty} U_h^2} = \frac{\sqrt{U_2^2 + U_3^2 + \cdots}}{U_1}$$

式中 U_{1rms}——基波电压有效值;

U_{rms}——各次谐波电压有效值;

U_1——基波电压峰值;

U_h——第 h 次谐波电压峰值。

复合波的视在功率为:

$$S = S_1 \cdot \sqrt{1 + THD_U^2} \cdot \sqrt{1 + THD_I^2}$$

式中 S_1——基波的视在功率。

实践中,谐波存在时,实际的功率因数 PF 为:

$$PF_h = \min\left(\frac{1}{\sqrt{1 + THD_U^2}}, \frac{1}{\sqrt{1 + THD_I^2}}\right)$$

可见,功率因数为 1 的情况下只可能在纯正弦波形情况下得到,此时波形中有且仅有基波成分。

功率因数 PF 是指交流输入有功功率 P 与输入视在功率 S 的比值:

$$PF = \frac{P}{S} = \frac{V_1 I_1 \cos\varphi}{V_1 I_{rms}} = \frac{I_1}{I_{rms}}\cos\varphi = \gamma\cos\varphi \qquad (2-14)$$

式中 P——输入有功功率;

S——输入视在功率;

V_1——交流输入的基波电压有效值;

I_1——交流输入的基波电流有效值;

I_{rms}——交流输入的有效值;

γ——交流输入的波形畸变因数,又称为畸变因子;

$\cos\varphi$——交流输入的基波电压和基波电流的相位移因数,又称为相移因子。

由式(2-14)可以定义广义上的品质因数,这与传统意义上的品质因数($\gamma = 1$)不同。$\cos\varphi$ 低,表示电气设备的无功功率大,利用率低,导线和线圈损耗大,有效能量传送小。波形畸变因数 γ 低,则表示输入电流的谐波分量相对于基波电流幅度较大，波形畸变严重。

功率因数 PF 也可以用位移功率因数 PF_{disp} 和畸变功率因数 PF_{dist} 的乘积表示：

$$PF = PF_{disp} \cdot PF_{dist}$$

位移功率因数 PF_{disp} 为：

$$PF_{disp} = \frac{P}{S_1}$$

畸变功率因数 PF_{dist} 为：

$$PF_{dist} = \frac{P}{\sqrt{1 + THD_U^2} \cdot \sqrt{1 + THD_I^2}} = \frac{U_{1rms}}{U_{rms}} \cdot \frac{I_{1rms}}{I_{rms}} = \frac{S_1}{S} \qquad (2-15)$$

可以看出，位移功率因数 PF_{disp} 对应式（2-14）的 $\cos\varphi$ 项，畸变功率因数 PF_{dist} 对应式（2-14）的 γ 项。平时所说的功率因数实际上指位移功率因数。

对于无线供电系统，因为电容器的电抗随着频率的升高而减小，这使得电容器成为谐波的吸收点。谐波电压产生的大电流又会使介质损耗增加，其直接后果是额外的发热和寿命的缩短。同时，电容器和电路电感结合构成并联谐振电路，谐波被放大，最终的电压会大大高于电压额定值并导致电容器损坏。

B 电磁感应式无线供电系统中谐波的抑制

谐波的抑制在于减少或消除来自系统上游谐波，减少功率损耗，提高输入电能的利用率。对不同电压、不同应用环境下的不同次谐波，许多组织都制定了各种标准（如国家标准和 IEEE 电气标准），规定了畸变的限制，不同次谐波的电流失真也做了规定。进行滤波器设计，实现模拟滤波时，需要从逆变、传输以及后处理多个环节入手减少谐波的发生，具体考虑下列因素的影响：

（1）谐波源与电源的距离；

（2）逆变装置的类型；

（3）逆变装置的数量；

（4）工作频率的基频频率的改变；

（5）馈线的电容带来的低频滤波的效果；

（6）滤波器的功耗。

使用特定频率的调谐滤波器，则每个串联支路的 Q 值会较高。假如 Q 值达到 30 或 30 以上，则调谐频率 f_n 的上下界会有相当大的变化。

抑制谐波的方法一般包括补偿方法和改造谐波源的方法。补偿方法包括 LC 电路（即无源滤波器）和有源滤波器。补偿方式分为串联（用于电流补偿）、并联（用于电压补偿）和混合三种。改造谐波源一是规划谐波源，如提高谐波源相数，利用谐波源对称性消除纹波；二是采用高功率因数的整流技术，如 PWM 整流电路、多重化 PWM。

C　次级电路中无源滤波器的设计与优化

无源滤波器的最重要优点是低成本，电路简单，可靠性高，EMI 小。设计时考虑到感应式电能传输系统的体积限制，采用了无源滤波的方法。图 2-10 所示为几种典型的谐波滤波器形式。

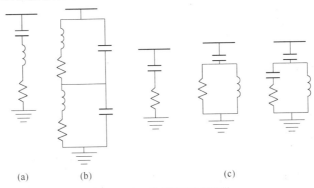

(a)　　　　(b)　　　　　　　　　(c)

图 2-10　典型谐波滤波器

(a) 串联调谐；(b) 双带通；(c) 一阶、二阶、三阶阻尼

a　单调谐滤波器

单调谐滤波器的谐振点一般低于频率点 5%。原因一是若在频率点上，则对 n 次谐波也有过滤作用，滤波器容易过载；二是补偿电容是负温度系数曲线，随温度升高，电容降低，谐振点升高。

b　多/双调谐滤波器

多/双调谐滤波器主要用于 2~5 次谐波过滤。缺点是结构复杂，调谐困难。

c　阻尼滤波器

阻尼滤波器又称为高通滤波器或减幅滤波器，一般广泛采用的是二阶和 C 型滤波器。对于二阶滤波器，其基波损耗比较大，而 C 型滤波器虽然基波损耗小，但是对基波频率的失谐和元件参数的漂移敏感，稳定性不好。为了克服以上缺点，设计中采用三阶滤波器，由于 $C_2 << C_1$，提高了滤波器对基波频率的阻抗，减少了基波损耗。

事实上，一般根据所含谐波的次数，采用以上的一种或几种方法串联使用。

对于无线供电系统，次级电路中的各种电阻、电感、电容表现复杂，不同部分的电参数会相互作用，从而影响到滤波器的性能，再加上引入的初、次级补偿电容的作用。设计时宜采用较为简单的模式，设计中以初、次级补偿电容为主，同时兼顾滤波作用。

2.3.3.2　提高功率因数的措施——初、次级的功率补偿

功率补偿就是利用最大功率原理，使负载阻抗是输出阻抗的复共轭，这时负

载获得最大功率。图 2 - 11 所示为带有负载的
等效电路。

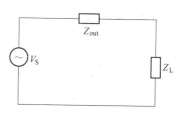

图 2 - 11 带有负载的等效电路

$$U_L = V_S \times \frac{|Z_L|}{|Z_L + Z_{out}|}$$

$$P_L = U_L I_L = \frac{U_L^2}{\text{Re}(Z_L)} = \frac{\left(V_S \times \frac{|Z_L|}{|Z_L + Z_{out}|}\right)^2}{R_L}$$

式中 U_L——负载电压；

      V_S——次级端电压；

      Z_L——负载阻抗；

      Z_{out}——次级绕组阻抗；

      P_L——负载功率；

      I_L——负载电流。

    感性负载 $R_L + jX$ 的复共轭在数值上等于输出阻抗 $R_c - jX$，在幅值上两者的电阻和电抗值相等。输出阻抗实际上是从输入端看上去的电路的戴维南等效阻抗。Z_L 是 Z_{out} 的复共轭时，负载在电路上获得了最大输出效率，正弦波情况下功率因数为 1。

    对于一个电路，如果感抗 X_L 大于容抗 X_C，则电压降是感性的，电压比电流导前；如果感抗 X_L 小于容抗 X_C，则电压降是容性的，电压比电流滞后。当电流流经的阻抗在某些特定频率下很低时，感抗和容抗对相位角的影响互相抵消，回路中电流为最大，将发生串联谐振。此时电路中电流大小仅与电阻有关，而与电感和电容无关。当电流流经的阻抗在某些特定频率下很高时，感抗和容抗的相位差为 180°，回路中电流最小（趋近于 0），将发生并联谐振。对于并联谐振，即使很小的电流也将在谐振频率上产生很大的电压。而串联谐振下，只需在初级上施加较小的电压，就能得到最大输出电流。串联谐振的原理一般用来改善电力系统中的传输效率，增加合适的电抗器（校正电容器）是控制波形失真的最经济的方法。谐振时，回路的容抗和感抗的绝对值相等，通常称之为回路的特性阻抗，以 ρ 表示，即：

$$\rho = \omega_0 L = \frac{1}{\omega_0 C}$$

式中 ρ——回路的特性阻抗；

     ω_0——系统固有角频率；

     L——电感；

     C——电容。

    回路的特性阻抗与电路的电阻的比值称为回路的品质因数，用 Q 表示。

$$Q = \frac{\rho}{R} = \frac{\omega_0 L}{R} = \frac{1}{\omega_0 CR}$$

式中　R——电阻。

　　在电工技术中，电压和电流有效值的乘积称为视在功率 S（apparent power）。视在功率一方面反映了为确保网络能正常工作外电路需传给网络的能量；另一方面可以标示该网络的容量。视在功率以伏安（V·A）为单位。视在功率、有功功率和无功功率构成一个直角三角形，称为功率三角形，如图 2-12 所示。

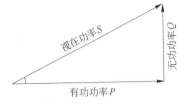

图 2-12　功率三角形

　　图 2-12 中：

$$\begin{cases} S = P + jQ \\ P = \dfrac{1}{2}I_{rms}^2 R \\ Q = \dfrac{1}{2}I_{rms}^2 X = \dfrac{1}{2}I_{rms}^2 (X_C + X_L) \end{cases}$$

式中　S——视在功率；

　　　　P——有功功率；

　　　　Q——无功功率；

　　　I_{rms}——各次谐波电流有效值；

　　　　R——电阻；

　　　　X——阻抗；

　　　　X_C——容抗；

　　　　X_L——感抗。

　　将功率定义延伸的复平面就可以得到复功率 S。复功率 S 包含了所有功率的信息：它的实部是有功功率 P，虚部是无功功率 Q，幅值是视在功率 $S = \sqrt{P^2 + Q^2}$，其相位角等于电压相位角和电流相位角之差，相位角的余弦函数称为功率因数，简称 PF。功率因数为：

$$PF = \frac{P}{S}$$

　　电路中的功率因数是由负载元件中包括的电阻与电抗的相对大小决定的，它的大小等于有功功率 P 和视在功率 S 之比，$\cos\varphi = \dfrac{P}{S}$。显然，功率因数越大，负载从电源中得到的功率就越多；同样，在保证负载功率足够的情况下，功率因数越大，需要电源提供的功率就越小。视在功率的模 $|S| = V_{eff}I_{eff}$，通常也被称为

视在功率，指示平均功率可能达到的最大值。

无功功率的大小表示电源和感性（或容性）负载之间能量交换的幅度和速率。由于实际应用中负载不可避免地包含感性或是容性，交流场合下电源向负载提供无功功率是负载内在的需要。无功功率的增加会使用电器和导线的容量增大，增加设备及线路损耗。同时，启动及控制设备、监测部件的尺寸规格和能耗也要相应加大。此外，无功功率的变化会引起电源电压的波动，使电源无法正常工作，降低供电质量。

功率补偿的作用，就是通过补偿使阻抗表现为理想状态下纯电阻，即没有无功功率需求，此时 $P = |S|$，这也是初、次级补偿的目的。有关初、次级补偿的内容将在第 3 章做详细的分析。

2.4　本章小结

本章先对无线供电系统结构及工作原理进行了分析。用 3 个类定义了无线供电系统的 3 个环节，即作为供能和接收环节的初级电路和次级电路，以及传输环节的耦合电路。在此基础上对 3 大环节进行分析，利用电磁感应式无线供电系统初、次级能量交换中的互感参数，建立了基于互感参数传输模型，定义了反映阻抗来分析初、次级电路的相互能量交换及相互影响。然后讨论了谐波的危害和消除次级电路纹波的方法。为了提高传输效率，进一步提出在初、次级电路进行功率补偿。本章的最后得出结论：通过初级补偿，可以提高初级绕组输入端的功率因数（位移因数），提高供电质量；在初级补偿的基础上，通过次级补偿，可以提高系统的输出功率和传输效率。小功率的应用一般采用初级串联补偿，而对于较大功率的应用一般采用初级并联补偿。当负载电阻较小时，采用次级串联补偿可以大大提高传输能力，而当负载电阻较大时，次级电路采用并联补偿更具优势。

3　电磁感应式无线供电

本章将先分析电磁感应式无线供电系统的耦合模型，然后分析了磁芯的性能、磁芯材料的选择以及初次级线圈相对位置对耦合性能的影响，推导了互感的一个普适性算法，并引入椭圆积分的级数表达式简化了互感的理论计算公式。

3.1　电磁感应式无线供电系统耦合模型

3.1.1　电磁感应式无线供电系统耦合模型分析

图 3-1 所示为电磁感应式无线供电装置示意图。

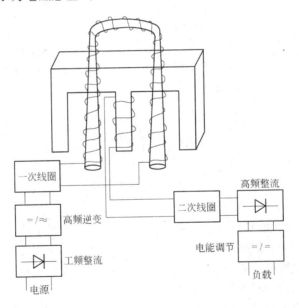

图 3-1　非接触电能传输装置

电磁感应式无线供电装置包括能量发送器、无接触变压器和能量接收器。其中，能量发送器包括整流滤波电路、高频逆变电路和用于产生合适频率和脉宽信号的控制电路，输入的工频市电首先经整流滤波电路产生高压直流供给高频逆变电路，高频逆变电路将电能转换成高频交流电输出到无接触变压器初级端；无接触变压器的初、次级磁芯彼此分隔，线圈分别绕制在对应磁芯上；能量接收器包括补偿电路、整流滤波电路和用于控制电流或电压稳定输出的 PWM 控制电路，补偿电路接收到无接触变压器次级端感应耦合的能量后，经过整流滤波电路和 PWM 控制电路形成稳定输出。

由于电磁感应式无线供电装置的漏磁通较大，因此，常用的基于主磁通/漏磁通的等效电路模型分析在此并不适用。所以这里从支路电压平衡方程和磁链方程入手，采用状态变量法建立基于耦合电感理论的数学模型，从而对电磁感应式无线供电装置进行建模分析。

为了便于分析，将图 3 - 1 所示的装置示意图简化成图 3 - 2 所示的电路分析模型。

图 3 - 2 中初级绕组中的电流为 I_1，初、次级绕组间的互感为 M。$j\omega MI_1$ 为初级电流 I_1 在次级绕组中感应产生的电压；$-j\omega MI_2$ 为次级绕组中的电流 I_2 在初级绕组中的感应电压值。初级绕组的电阻和电感分别为 R_1 和 L_1；次级绕组的电阻和电感分别为 R_2 和 L_2；负载电阻为 R_L，次级绕组电压为 U_2。电磁感应式无线供电装置的电压平衡方程为：

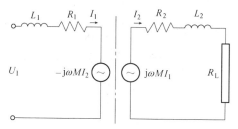

图 3 - 2 电磁感应式无线供电
装置的电路耦合模型

$$\begin{cases} U_1 = \dfrac{\mathrm{d}\psi_1}{\mathrm{d}t} + R_1 I_1 \\ U_2 = \dfrac{\mathrm{d}\psi_2}{\mathrm{d}t} + R_2 I_2 \end{cases} \qquad (3-1)$$

式中　U_1——初级绕组电压；
　　　U_2——次级绕组电压；
　　　ψ_1——初级绕组磁链；
　　　ψ_2——次级绕组磁链；
　　　R_1——初级绕组电阻；
　　　R_2——次级绕组电阻；
　　　I_1——初级绕组电流；
　　　I_2——次级绕组电流。

相应的磁链方程为：

$$\begin{cases} \psi_1 = L_1 I_1 + M I_2 \\ \psi_2 = L_2 I_2 + M I_1 \end{cases} \qquad (3-2)$$

式中　L_1——初级绕组电感；

L_2——次级绕组电感；

M——互感。

由式（3-2）可以得到初、次级线圈的电流分别为：

$$\begin{cases} I_1 = \dfrac{L_2\psi_1 - M\psi_2}{L_1 L_2 - M^2} \\[2mm] I_2 = \dfrac{L_1\psi_2 - M\psi_1}{L_1 L_2 - M^2} \end{cases} \qquad (3-3)$$

其中，按照图 3-2 所示的正方向，负载电压 $U_L = R_L I_2$。

通过以上的分析可知，互感 M 是表征电磁感应式电能传输系统初、次级绕组之间耦合性能的参数。

互感计算公式为：

$$M = k\sqrt{L_1 L_2}$$

$$k = \sqrt{k_1 k_2}$$

式中 k——初、次级绕组之间的耦合系数；

k_1——初级线圈产生的磁通交链到次级线圈的百分数；

k_2——次级线圈产生的磁通交链到初级线圈的百分数；

L_1，L_2——分别为初、次级线圈的自感。

理论上，耦合系数 k 只与初、次级绕组的几何形状、周围的磁性材料以及它们的相对位置有关，它反映了初、次级绕组之间的耦合能力。

3.1.2 电磁感应式无线供电系统的磁路

3.1.2.1 气隙特性

任何一种感应耦合器，其初级和次级线圈之间都存在气隙。气隙的存在使耦合器内的磁力线分布发生变化。增大耦合器之间的气隙，会使耦合器励磁电感减小，漏感增大，从而导致电能传输效率降低。感应耦合器大多为初、次级对称结构，不对称度的增加也会导致相同的结果。

在一些实际应用场合，要求耦合器能在大气隙、非对称结构下正常工作。因此，耦合器在大气隙、非对称结构下高效传输电能的研究就变得很有意义。

由于无线供电系统的变压器中存在较大的气隙，在气隙存储了大量的能量。磁芯存在气隙时，励磁安匝数为：

$$W_i = \delta H_a + l_c H_c$$

式中 δ——气隙长度；

l_c——线圈长度；

H_a——气隙的磁场强度；

H_c——磁芯的磁场强度。

磁路中有气隙时，磁通会对外扩张，造成边缘效应，增加了气隙的有效面积。当气隙较小时，等效面积可以近似表示为：

矩形截面 $\qquad A_a = (a+\delta)(b+\delta)ab + (a+b)\delta$

圆形截面 $\qquad A_a = \pi \left(r+\dfrac{\delta}{2}\right)^2 \times \pi r^2 + \pi r\delta$

式中 A_a——等效面积；

$\qquad a$——矩形绕组的长；

$\qquad b$——矩形绕组的宽；

$\qquad \delta$——气隙；

$\qquad r$——圆形绕组的半径。

每段的磁通密度为：

$$B_i = \frac{\Phi_i}{A_i}$$

式中 B_i——磁通密度；

$\qquad \Phi_i$——磁通；

$\qquad A_i$——等效面积。

磁场强度定义式为：

$$H = \frac{B}{\mu_0} - M$$

式中 B——磁通密度；

$\qquad M$——磁化强度；

$\qquad \mu_0$——真空磁导率。

对于各向同性的非铁磁物质，磁化强度 M 与磁场强度 H 具有简单的线性关系，即：

$$M = \chi_M H$$

式中 χ_M——物质的磁化率。

进一步得到：

$$B = \mu H$$
$$\mu = \mu_0(1+\chi_M) = \mu_0\mu_r$$
$$\mu_r = 1 + \chi_M$$

式中 μ_r——物质的相对磁导率。

由于铁氧体磁滞闭合曲线较窄，一般可以用线性公式简化磁场强度和磁感应强度的关系，即 $B = \mu H$。

当存在气隙时，需要的励磁更大，剩余磁感应强度 B_r 下降，趋近于 0。等效磁导率 μ_e 下降。H/B 斜率增加，磁滞环的线性得到改善，如图 3 – 3 所示，存在气隙的感应耦合机构与不存在气隙的感应耦合机构相比，其线性要好得多。

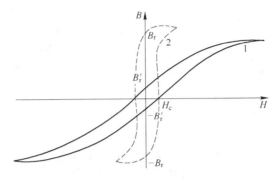

图 3 – 3 有无气隙的磁滞特性比较

1—存在气隙；2—不存在气隙

电感的储能就是电感周围磁场的磁能，由电磁原理有：

$$E = \frac{1}{2} BHV_e$$

磁芯的储能为：

$$E_m = \frac{1}{2} B^2 A_e \frac{l_e}{\mu_e}$$

气隙的储能为：

$$E_a = \frac{1}{2} B^2 A_e \frac{l_a}{\mu_0}$$

总的储能为：

$$E = \frac{1}{2} B^2 A_e \left(\frac{l_e}{\mu_e} + \frac{l_a}{\mu_0} \right)$$

气隙的储能与总的储能之比为：

$$\frac{E_a}{E} = \frac{\mu l_a}{l_e + \mu l_a}$$

由于磁芯的最大磁通密度限制了磁芯的工作能力。因为空气不会饱和，气隙的存在可以使磁滞曲线变宽，避免磁芯突然进入饱和状态，降低了对开关器件响应时间的需求。这也是感应式电能传输系统开关器件工作寿命和开关可靠性相对较高的原因。

图 3 – 4 所示为矩形线圈不带磁芯时气隙与次级电压的关系。当气隙较大时，感应系数较气隙较小时变化剧烈。因此，需要合理规划气隙的宽度，否则传输系统的磁耦合结构的感应系数就会变化很大。

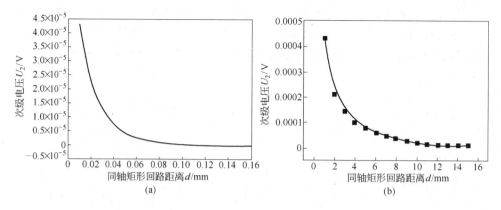

图 3 - 4 气隙与次级电压的关系

(a) 计算值; (b) 测量值

3.1.2.2 磁路分析

由于磁性材料的磁导率比周围空气的磁导率大很多,因此,磁芯中的磁场比周围空气中磁场强得多,磁场的磁力线大部分集中于磁芯中,工程上把这种由磁性材料组成的、能使磁力线集中通过的整体称为磁路。

磁路是电磁感应式无线供电系统中电能和磁能耦合的地方,只有把磁路优化设计得合理了,系统的耦合能力才能达到理想状态,电能和磁能耦合能力就能达到最大。所以磁路设计是电磁感应式无线供电系统中传输效率高低的关键环节。

对于带气隙匝数为 N 的环形线圈,线圈中流过电流 I 时会产生磁通。运用安培定律得:

$$NI = H_m l_m + H_a l_a \qquad (3-4)$$

式中　N——匝数;

　　　I——线圈中流过电流;

　　　H_m——磁芯磁场强度;

　　　l_m——磁芯磁路长度;

　　　H_a——气隙磁场强度;

　　　l_a——气隙磁路长度。

因为 $B = \mu H$, $B = \dfrac{\Phi}{A}$, 得:

$$\begin{cases} NI = \dfrac{\Phi_m l_m}{A_m \mu_m} + \dfrac{\Phi_a l_a}{A_a \mu_0} \\ H = \dfrac{\Phi}{A\mu} \end{cases}$$

式中　N——匝数;

I——线圈中流过电流；

Φ_m——磁芯中磁通；

l_m——磁芯磁路长度；

A_m——磁芯等效面积；

μ_m——磁导率；

Φ_a——气隙中磁通；

l_a——气隙磁路长度；

A_a——气隙等效面积；

μ_0——真空磁导率。

等效面积是磁力线穿过的平均面积，它接近于磁芯的几何截面积，用 A_e 表示；磁芯的等效长度 l_e 接近于它的平均几何周长，由此还可以得出等效体积 V_e 计算公式为：

$$V_\mathrm{e} = l_\mathrm{e} A_\mathrm{e}$$

磁动势方程表示为：

$$\Phi = \frac{NI}{R}$$

式中，R 为磁阻，假设磁力线穿过磁芯后全部回到磁芯，那么有 $\Phi_\mathrm{m} = \Phi_\mathrm{a}$，于是可以得到磁阻的计算公式为：

$$R = \frac{l_\mathrm{m}}{\mu_\mathrm{m} A_\mathrm{m}} + \frac{l_\mathrm{a}}{\mu_0 A_\mathrm{a}} = R_\mathrm{m} + R_\mathrm{a} \tag{3-5}$$

软磁铁氧体与其他磁性材料比较，虽然饱和磁感应强度比较低，而且温度影响大，但其电阻率高、涡流小、铁耗小，意味着高频损耗小，特别适合应用于非接触耦合器的设计。在高频时，由于损耗限制磁感应摆幅，工作磁感应远小于饱和磁感应，所以饱和磁感应低的缺点显得不重要了。

3.1.2.3 磁芯性能

为了使励磁电流产生尽可能大的磁通，增加初级线圈与次级线圈之间的耦合系数，同时为了减少漏磁辐射对人体的危害和能量损失，线圈被内置在聚焦材料（如铁氧体）槽内，这种铁氧体材料在平行方向上对通过线圈的电流是一种电绝缘体，从而可减少涡流电流损失，而对磁性是高渗透性的，可帮助捕捉耦合感应所需的电磁场。这种材料的低磁性可以使线圈放置在四进槽内，以保护线圈的电线。因此，磁芯对于系统的耦合性能、电能的传输都有着重要的作用，所以在此有必要讨论一下磁芯的选择和优化。

以常见的 EE 型磁芯结构为例（见图 3-5），图 3-5（a）所示为磁芯结构和磁阻图，图 3-5（b）所示为相应的磁电路图。漏磁通 Φ_2 主要是由空气磁阻

R_{E2} 引起的，Φ_1 为主磁通，R_{E1} 表示初、次级绕组间的气隙引起的磁阻。

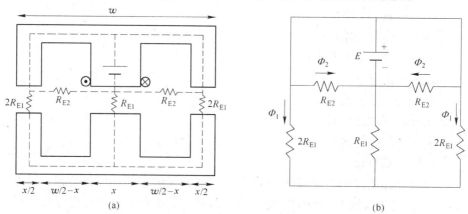

图 3 - 5　EE 型磁芯结构和等效磁电路图
（a）磁芯结构和磁阻图；（b）磁电路图

磁芯的耦合系数 k 计算公式为：

$$k = \frac{\Phi_1}{\Phi_1 + \Phi_2}$$

式中　Φ_1——主磁通；

　　　Φ_2——漏磁通。

由此可见，系统的耦合系数和漏磁通有很大的关系。图 3 - 6 所示为 EE 型磁芯的磁场分布仿真图。从图 3 - 6 中可以看出，EE 型磁芯能有效地将磁力线集中，减少漏磁通，从而提高系统的耦合能力。因此，选择合适的磁芯能有效地降低漏磁通的大小，从而有效增大耦合系数。

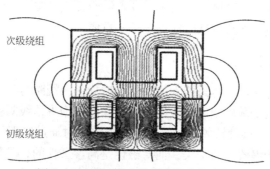

图 3 - 6　EE 型磁芯的磁场分布仿真图

图 3 - 7 所示为磁芯相对磁导率与耦合系数的关系图。从图 3 - 7 中可以看出，随着相对磁导率的提高，耦合系数也在提高，但是幅度不是很大，没有气隙对耦合系数的影响大。虽然铁芯材料对耦合系数影响很小，但是为了减少铁损，磁芯材料应该选择较高电阻率的高频磁导磁材料。

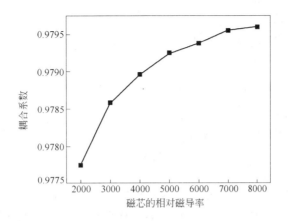

图 3 - 7 磁芯相对磁导率与耦合系数的关系图

3.1.2.4 磁芯的参数

A 磁芯的尺寸

为了便于安装和减少材料成本，能量传输系统需要向"短、小、轻、薄"的方向发展。在保持磁芯磁密一定的条件下，增加磁芯的直径意味着将使得绕组的匝数减少，并使得短路阻抗和负载损耗值降低。当线圈匝数不变时，增加磁芯的直径将使磁密降低，而空载电流和空载损耗将相应的下降，但磁芯的材料消耗将增加。反之，减少磁芯的直径将相应的增加空载电流和空载损耗，甚至于因过饱和使空载电流和空载损耗进一步加剧。可见，磁芯直径的变化影响能量传输系统的各个技术参数的选择。在安装空间一定的情况下，磁芯材料和导线材料存在一个最优比的选择。

磁芯截面直径是电磁感应式无线供电系统的基本参数之一（空芯除外），磁芯的尺寸大小，包括截面直径、高度影响整个电磁感应式电能传输系统的尺寸和各主要性能参数。它的选定还涉及整个能量传输系统材料的铜铁比，是优化设计（体积、质量）的重要因素。

B 磁芯的损耗

磁芯损耗 P_{Fe}（铁损耗）主要包括由磁滞效应引起的磁滞损耗 P_H、由涡流引起的涡流损耗 P_B 和剩余损耗 P_L。

磁滞损耗 P_H 等于磁芯在每个周期内的能量损耗 W_R 与工作频率 f 的乘积：

$$P_H = W_R f = A_C l_C f \oint H dB = k_H V_C f B_{max}^2 \qquad (3-6)$$

式中　P_H——磁滞损耗；

　　　W_R——能量损耗；

　　　f——工作频率；

　　　　H——磁场强度；

　　　　B_{max}——磁感应强度峰—峰值；

$A_C l_C$，V_C——磁芯的体积；

　　$\oint H\mathrm{d}B$——$B-H$ 环的面积；

　　　　k_H——材料的磁滞损耗常数。

　　涡流损耗 P_B 由下面公式计算：

$$P_B = k_B V_C f^2 B_{max}^2 \qquad (3-7)$$

式中　k_B——材料的涡流损耗系数。

　　可见，涡流损耗与磁芯的工作体积有关，与频率 f 和磁芯密度的平方成正比。实际上，磁性材料的电阻实际上随频率增加而减少，所以在频率工作范围内，涡流损耗的增加实际上比 f^2 的增加幅度要大一些。剩余损耗是由于磁化弛豫效应或磁性滞后效应引起的损耗，其在 200kHz 上表现得较为明显。以往大量研究工作已证明，对于工作在 100kHz 频率下的 MnZn 功率铁氧体，其剩余损耗基本上可以忽略，所产生的功率损耗主要由磁滞损耗和涡流损耗所构成。

　　一般来说，在给定频率下，磁芯的总损耗 P_{Fe} 可以近似表示为：

$$P_{Fe} = k_{Fe} B_{max}^{\alpha} f^{\beta} V_E \qquad (3-8)$$

式中　k_{Fe}——损耗系数；

　　　B_{max}——磁感应强度峰—峰值；

　　　　f——工作频率；

　　　V_E——磁芯体积；

α，β——系数。

　　k_{Fe} 随工作频率 f 的增加而增加，对于功率铁氧体来说，α 取值范围为 2.6 ~ 2.8，为了方便计算，实例中选用的软磁铁氧体，取 $\alpha = 2.8$，$k_{Fe} = 4$。β 的取值为 1 ~ 1.3，当磁场损耗单纯地由磁滞损耗引起时，$\beta = 1$；当 $f = 10 ~ 100\mathrm{kHz}$ 时，$\beta = 1.3$。β 将随频率增高而增大，所产生的额外损耗主要由于涡流损耗或剩余损耗引起。很明显，对于高频运行的铁氧体材料，要尽力减小 β 值。

　　C　磁密的选择

　　磁密反映了磁芯将电能转化为磁能的能力。当磁密较大时，可以减少磁芯材料的体积和质量，但随着磁密的增加，将要接近饱和点时，电流和磁芯损耗将大大增加，运行损耗和发热增加。

　　铁氧体与其他磁性材料比较，虽然饱和磁感应强度比较低，而且温度影响大，但其电阻率高，涡流小、铁耗小，意味着高频损耗小，特别适合应用于感应耦合器的设计。在高频时，由于损耗限制感应摆幅，工作磁感应远小于饱和磁感应。因此，本文以后将以采用的 R2KB 软磁铁氧体为例，图 3-8 所示为它的磁滞回线图，其饱和磁密 B_s 为 500mT。而图 3-9 则是它的饱和磁密随温度变化的曲线图。为安全计，要求不超过110%额定电压运行时，磁芯不过激磁。取工作磁密为：$500\mathrm{mT}/110\% = 455\mathrm{mT}$。

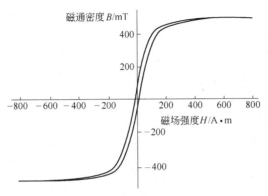

图3-8 R2KB的磁滞回线（$B-H$）

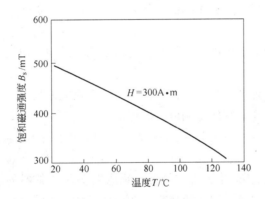

图3-9 饱和磁密B_s随温度变化曲线图

D 磁芯容量的计算

由前面的计算可知，在保持磁芯磁密一定的条件下，磁芯的截面积增大将使得绕组匝数减少，导线材料减少，从而导线线圈阻抗和导线损耗降低；若保持匝数不变，增加磁芯截面积，磁芯磁通密度降低，增加了磁芯损耗，同时，减少了空载电流，从而降低了导线损耗。当然，磁芯截面积减少是有限度的，磁芯截面积减少到一定值，磁芯会工作在过饱和状态，此时，空载电流损耗和磁芯损耗都将大为增加。

磁芯的容量S_c指变压器所能承受的最大负荷的上限点，它的计算公式为：

$$S_c = U_{max} I_{max} \tag{3-9}$$

式中 S_c——磁芯容量；

U_{max}——电压峰值；

I_{max}——电流峰值。

3.1.2.5 磁芯材料的选取

工程上常用的磁芯材料主要是铁、钴、镍及其合金。磁芯材料分为软磁材料和硬磁材料。软磁材料磁导率大，矫顽力小，磁滞损耗低，磁滞回线成细长条形状，这种材料容易磁化，也容易退磁，适用于交变磁场。软磁材料常用做电动机、变压器的磁芯。如工程上多用硬磁材料制成永磁磁铁。

选取合适的磁芯材料主要是为了降低损耗，加宽适用温度范围和降低成本，提高性价比。磁芯导磁是由于磁芯内部自发饱和的磁畴在外磁场的作用下会发生旋转，当旋转到与外磁场方向一致时，显示出很强的磁性。磁畴翻转，来回摩擦要损耗能量，所以当外部磁场消失时，它不能完全恢复到初始状态，具有不可逆性。随着外磁场的增加，磁畴基本旋转到与外磁场完全一致的方向，这时候就达到了磁饱和，当磁饱和后没有能量消耗，所以饱和后是可逆的。

在选择磁芯材料时，为了提高工作磁密，所以材料的饱和磁密要高；为了使磁芯能够在比较宽的温度范围内具有良好的工作特性，磁芯材料的居里温度要求比较高；为了控制磁芯中的涡流损耗，这就要求磁芯材料电阻率要大，以有效地抑制涡流损耗。

各种磁芯材质外形虽相似，但磁性能可能有极大差别，所以磁芯材料的选择是一项很重要的工作，它应遵循以下的选取原则：

(1) 高的磁导率。在一定的磁场强度 H 下，磁感应强度 B 的大小取决于 μ 的大小（$B = \mu H$）。

(2) 要有很小的矫顽力 H_c 和剩余磁感应强度 B_r。材料的矫顽力越小，就表示磁化和退磁容易，磁滞回线越狭窄，在交变磁场中磁滞损耗就越小。

(3) 电阻率要高。在交变的磁场中工作的磁芯具有涡流损耗，电阻率高时涡流损耗小。

(4) 具有高的饱和磁感应强度 B_s。饱和磁感应强度高，相同的磁通需要较小的磁芯截面积，磁性元件的体积小。

常用磁芯材料可分为金属铁芯、铁粉磁芯和铁氧体磁芯 3 大类，其性能参数与使用特点见表 3 − 1。

表 3 − 1   磁芯的基本特性参数

名　称	材　料	磁导率 $\mu / H \cdot m^{-1}$	饱和磁感应强度 B_s / T	最大工作频率 f_{max} / kHz
非晶合金	Fe(Ni, Co)	约 100000	15000	约 1000
薄硅钢片	Di − Fe	约 20000	7500	约 30
坡莫合金	Ni − Fe	约 20000	7800	约 30
铁氧体	Mn, Zn, Fe	1000 ~ 18000	约 5000	约 1000

磁化曲线还与温度有关，磁导率一般随温度的升高而降低，高于某一温度时（居里温度）可能完全失去磁性材料的磁性，所以居里温度是选择磁芯材质必须考虑的问题。因此，选择磁芯材料要综合考虑磁导率大小、脆度、硬度、温度稳定性、磁导率与磁感应强度关系等。各种磁芯特性的比较见表 3 - 2。综合考虑各种磁芯的特性，选铁氧体作为本书实验研究的磁芯。

表 3 - 2　各种磁芯特性的比较

特　性	非晶合金	薄硅钢片	坡莫合金	铁氧体
铁　损	低	高	中	低
磁导率	高	低	高	中
饱和磁密	高	高	中	低
温度影响	中	小	小	中
加　工	难	易	易	易
价　格	中	低	中	低

3.1.3　电磁感应式无线供电系统的补偿

为了改善初、次级回路的供电性能，需要对初、次级回路的无功功率进行补偿。通过初级补偿，可以提高初级回路输入端的功率因数，提高供电质量；在初级输入电压相同的情况下，通过对次级回路的补偿，可以提高系统的输出功率和传输效率。

串联补偿是将一个补偿电容与初级端或次级端的漏电感串联；并联补偿是将一个补偿电容与初级端或次级端的漏电感并联。初、次级补偿都可以有串联补偿和并联补偿两种方式。其中多种方法可以任意组合，如图 3 - 10 所示。

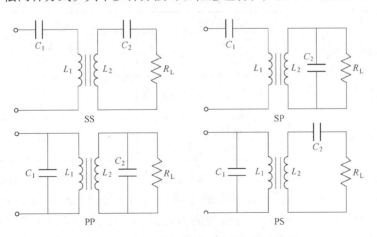

图 3 - 10　初、次级的串联补偿和并联补偿

P—并联；S—串联

并联电容用于补偿感性无功功率；串联电容用于补偿线路等效感抗、降低线路感性无功功率流动和提高线路受电端的电压；混合使用时，一般是串联电抗器串联在并联电容器支路中，然后与并联电容一起接入系统，补偿高频无功功率，起到抑制高次谐波以及保护并联电容器的作用。

参考文献 [47～50] 中对初、次级的串联补偿和并联补偿都进行了理论分析和比较，在此将各种补偿的参数值进行总结，见表 3-3～表 3-5，以供系统设计者以后做参考。

表 3-3   次级串、并联补偿时等效输出电压和等效输出电流

初级电源	串联补偿时的等效电压/V	并联补偿时的等效电流/A
电压源	$\dfrac{MU_1}{L_1}$	$\dfrac{MU_1}{j\omega\,(L_1 L_2 - M^2)}$
电流源	$\omega M L_1$	$\dfrac{M L_1}{L_2}$

表 3-4   次级补偿时的阻抗、负载电压和负载电流

项　　目	次级串联补偿	次级并联补偿
次级补偿后阻抗	$\dfrac{1}{j\omega C_{1S}} + j\omega L_1 + R_1 + Z_{r1}$	$j\omega L_2 + \dfrac{R_L}{j\omega C_{2P} R_L + 1} + R_2$
负载电压	$I_1 Z_L$	U_2
负载电流	I_1	U_2/Z_L

表 3-5   次级补偿时的反应电阻、反应电抗及品质系数

项　　目	次级串联补偿	次级并联补偿
反应电阻	$\dfrac{\omega_0^2 M^2}{Z_L}$	$\dfrac{M^2 Z_L}{L_2^2}$
反应电抗	0	$-\dfrac{\omega_0 M^2}{L_2}$
次级品质系数	$\dfrac{\omega_0 L_2}{Z_L}$	$\dfrac{Z_L}{\omega_0 L_2}$

不同能量拾取补偿形式下的输出特性见表 3-6。其中，Q_S 为耦合装置副边品质因数；V_{SO} 为开路电压；V_{SS} 为短路电压；I_{SS} 为短路电流。从表 3-6 可以看出，经过补偿环节，系统能量传输的能力可以达到未补偿情况的 $2Q$ 倍。理论上，耦合电路系统的能量传输能力没有限制，但实际上如果负载电阻 R 对于串联拾取电路太小或者对于并联拾取电路过大，品质因数 Q 将会很大。由品质因

数的定义 $Q = \dfrac{\omega L}{R}$ 可知，若要增大品质因数 Q，可以用增加系统的电流工作频率、增加线圈的电感以及减少线圈等效电阻的方法来实现。系统的最大传输效率和品质因数 Q 紧密相关，需要对品质因数 Q 进行优化，一般情况下，Q 值应不大于 10。

表 3 – 6 不同能量拾取补偿形式下的输出特性

最大输出	无补偿	串联补偿	并联补偿
U_{max}	$V_{SO}/\sqrt{2}$	V_{SO}	$Q_S V_{SO}$
I_{max}	$V_{SS}/\sqrt{2}$	$Q_S I_{SS}$	I_{SS}
P_{max}	$V_{SO} I_{SS}/\sqrt{2}$	$Q_S V_{SO} I_{SS}$	$Q_S V_{SO} I_{SS}$

在此需要说明的是，当运行频率偏离谐振频率时，电源端的视在功率都急剧上升。但当运行频率小于谐振频率时，并联补偿初级视在功率增加较慢；而当运行频率大于谐振频率时，串联补偿初级视在功率增加较慢。为了克服上述串联和并联补偿的不足，可以使用串、并联补偿相结合的方式。

次级补偿时，当负载电阻 R_L 比较小的时候，采用串联补偿可以大大提高系统的传输能力；当负载电阻 R_L 比较大的时候，采用并联补偿则效果更好。但是，当负载电阻 R_L 的值不大不小时，单独采用串联或并联补偿对系统的传输性能提高效果都不是很好，所以，可以考虑用串、并联结合的补偿方式。如图 3 – 11 所示，串联电容为 C_{S1}，并联电容为 C_{S2}。

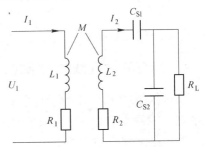

图 3 – 11 次级串、并联结合补偿

次级系统对初级系统的影响可以用反映阻抗来体现，反映阻抗直接反映了系统的功率传输性能，反映阻抗吸收的复功率就是次级系统吸收的复功率。次级电路串、并联结合补偿时反映电阻和反映电抗为：

$$R_{r2} = \frac{\omega^2 M^2 x}{x^2 + y^2} \tag{3-10}$$

$$X_{r2} = -\frac{\omega^2 M^2 y}{x^2 + y^2} \tag{3-11}$$

$$x = \frac{R_L}{1 + \omega^2 C_{S2} R_L^2}$$

$$y = \omega L_2 - \frac{1}{\omega C_{S1}} - \frac{\omega C_{S2} R_L^2}{1 + \omega^2 C_{S2}^2 R_L^2}$$

式中　R_{r2}——次级电路串、并联结合补偿时的反映电阻和反映电抗；

　　　X_{r2}——次级电路串、并联结合补偿时的反映电抗；

　　　ω——系统固有角频率；

　　　M——互感；

　　　R_L——负载电阻；

　　　C_{S1}——串联电容；

　　　C_{S2}——并联电容；

　　　L_2——次级绕组电感。

图 3 – 11 中不计绕组电阻，次级电路串、并联结合补偿时有：

$$\omega L_2 - \frac{\omega M^2}{L_1} - \frac{1}{\omega C_{S1}} = \frac{1}{\omega C_{S2}} \tag{3 – 12}$$

式中　L_1——初级绕组电感。

式（3 – 12）进一步转变为：

$$C_{S2} = \frac{C_{S1}}{\omega^2 L_2 C_{S1} - \dfrac{\omega^2 M^2 C_{S1}}{L_1} - 1} = \frac{C_{S1}}{\omega^2 L_2 C_{S1}\,(1 - k^2) - 1} \tag{3 – 13}$$

式中　k——耦合系数。

3.1.4　电磁感应式无线供电系统的自感和互感参数分析

初、次级之间的耦合性能是感应式电能传输系统设计的核心和基础。耦合性能越好，传输效率就越好，系统的稳定性就越高。当初、次级线圈相对位置发生变化时，必然导致耦合性能变化，初、次级电路也需要相应地通过调节保证输出恒定。影响这类结构耦合特性的主要因素为线圈的形状和位置参数，以及初、次级线圈间媒质的磁导率。考虑到实际应用，本节将首先围绕线圈的形状参数和相对位置这两个方面对耦合变化特性的影响进行研究，讨论它们的自感及线圈相对位置发生变化时互感的计算方法，然后进一步分析计算线圈形状和尺寸对耦合变化特性的影响。

在计算电感时，一般总是忽略线匝的螺旋性，而把线匝视为各自闭合的平面线匝（与原有线匝有相似的形状，置于近乎平行的平面上）的集合体，即通过求解与被研究的线圈有相同的外形和尺寸的单匝线圈的自感和互感来获得。

在电流密度相同的情况下，线圈与相应整体线匝的磁场应是一样的，N 匝线圈的电流只是相应的整体线匝电流的 $1/N$。线圈的电感 L 为相应整体线匝电感 L' 的 N^2 倍，即 $L = N^2 L'$。同理，两个各为 N_1 和 N_2 匝线圈的互感 M 为相应整体线匝的互感 M' 的 $N_1 N_2$ 倍，即 $M = N_1 N_2 M'$。因此，一般只需分析单匝线圈之间的相互影响，就能够进一步得出多匝线圈之间的相互耦合关系。

由回路电流产生的与该磁路自身相链的磁通，称为自感磁通；由其他回路电流产生的与该磁路相链的磁通，称为互感磁通。回路自感磁通与自身电流之比，称为回路的自感或自感系数；两个回路中，回路 1 的互感磁通与回路 2 的电流之比，称为这两个回路的互感或互感系数。

$$\begin{cases} L = \dfrac{\varPsi}{i} \\[2mm] M_{12} = \dfrac{\varPsi_{2\mathrm{M}}}{i_1} \\[2mm] M_{21} = \dfrac{\varPsi_{1\mathrm{M}}}{i_2} \end{cases}$$

式中　L——电感；

M_{12}，M_{21}——回路 1 与回路 2 之间的互感；

$\varPsi_{2\mathrm{M}}$——回路 2 的互感磁通；

$\varPsi_{1\mathrm{M}}$——回路 1 的互感磁通；

i_1——回路 1 的电流；

i_2——回路 2 的电流。

在多数情况下，电感的计算方法是将每一电流分为许多电流元素线。而与任一电流元素线 $\mathrm{d}i'$ 相链的磁通中可被视为由其他元素线 $\mathrm{d}i''$ 所产生的互感磁通（即乘积 $M\mathrm{d}i''$）之和。其中，M 为元素线 $\mathrm{d}i'$ 和 $\mathrm{d}i''$ 之间的互感。在计算 L 时，求和的过程应遍及出回路全部的元素线，在计算 M 时，应遍及另一回路全部的元素线。这样，磁通可表示为下列形式的积分：

$$\varPhi = \int \overline{M} \mathrm{d}i''$$

$$\overline{M} = \frac{\mu_0}{4\pi} \oint_{i'} \oint_{i''} \frac{\mathrm{d}l'\mathrm{d}l''}{D} \cos\theta$$

式中　$\varPhi$——磁通；

μ_0——真空磁导率；

$\mathrm{d}l'$，$\mathrm{d}l''$——分别为元素线 l' 和 l'' 的长度元素；

D——各长度元素之间的距离；

θ——各长度元素之间的夹角。

电感和互感的计算一般用诺伊曼公式：

$$\begin{cases} L = \dfrac{1}{i^2} \int_i \mathrm{d}i' \int_i \overline{M} \mathrm{d}i' \\[3mm] M = \dfrac{1}{i_1 i_2} \int_{i_1} \mathrm{d}i' \int_{i_2} \overline{M} \mathrm{d}i'' \end{cases} \tag{3-14}$$

式中　L——电感；

　　M——互感；

　　i——线圈电流；

　　i_1——初级线圈电流；

　　i_2——次级线圈电流；

　　$\mathrm{d}i'$——电流元素线；

　　$\mathrm{d}i''$——其他电流元素线。

　　在式（3-14）的电感计算公式里，元素线 l' 和 l'' 同属于一个回路。如图 3-12（a）所示，而在式（3-14）的互感计算公式里，它们分属于不同的回路。在式（3-14）中，可先固定长度元素 $\mathrm{d}l'$ 的位置，沿元素线 l'' 进行积分，然后再沿元素线 l' 进行积分。当找到元素线 l' 和 l'' 之间的互感 M 的表达式后，可将它代入式（3-14），并积分两次。由于积分的先后顺序对结果没有影响，因此，两线圈的互感只与线圈的形状、大小和相对位置有关，与线圈通过电流的大小和频率无关。然而，必须看到，只有当每条回路各点交流电流密度相位相同时，前面的假设才有意义，否则，这些公式的积分值将不正比于各该电流的瞬时值，式（3-14）也就成了时间的函数，而从本质上失去了意义。实际上，由于每条回路各点交流电流密度不尽相同，互感还是有区别的，这个误差与线圈通过电流的频率有关，需要引入一个误差项，该值由线圈通过电流频率决定。

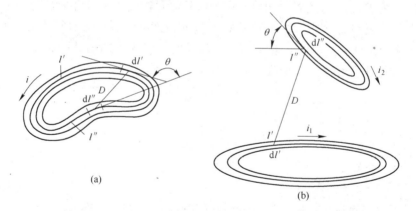

图 3-12　自感和互感公式中 $\mathrm{d}l'$ 和 $\mathrm{d}l''$ 的两单位量积分形式图
（a）自感公式中 $\mathrm{d}l'$ 和 $\mathrm{d}l''$ 的关系；（b）互感公式中 $\mathrm{d}l'$ 和 $\mathrm{d}l''$ 的关系

　　由互感定义知，当两线圈所在平面平行，且两线圈互为对方在平面上的投影时，交链的公共磁通最大。又因为周长固定时，圆形的面积最大。此外，式（3-14）中互感定义的 cos 项与因变量无关，可以提到积分项外。因此，初次级线圈为等大的圆形线圈且平行相对放置时，能够获得最大的互感参数。

　　把 l'' 分成 n 节等长 Δl 的元素线段，令点 1、2、…、n 为该元素线段的中点，从这些点到 l' 上一点 O 的几何平均距离为：

$$g = \sqrt[n]{l_1 l_2 \cdots l_n} \Rightarrow \ln g = \frac{1}{n}\sum_{k=1}^{n}\ln\eta_k\Delta l$$

式中　g——几何平均距离；

　　　n——元素线的等分数；

　　　Δl——元素线的等分长度；

　　　η_k——元素线 l'' 第 k 个长度元素到点 O 的距离。

当 $n\to\infty$ 时，$\Delta l\to 0$，可以得到：

$$\ln g = \frac{1}{l}\int_l n\ln\eta\mathrm{d}l$$

式中　l——线圈长度；

　　　η——从 l'' 的长度元素 $\mathrm{d}l$ 到点 O 的距离。

同理，可得到线 l' 和线 l'' 的几何平均距离：

$$\ln g = \frac{1}{l_1 l_2}\int_{l_1}\int_{l_2}\ln\eta\mathrm{d}l_1\mathrm{d}l_2$$

式中　l_1——初级线圈长度；

　　　l_2——次级线圈长度；

　　　η——从 l'' 的长度元素 $\mathrm{d}l$ 到点 O 的距离。

对于距离较远的图形，它们之间几何、算术和平方平均距离近似地等于它们的惯量中心间的距离。

用于计算自感的几何平均距离原理可以表述为恒定截面构成的平面回路，其自感等于两根相应的等距元素线的互感。当截面电流均匀分布时，两根元素线的距离等于导线截面面积自身的几何平均距离；高频时两根元素线的距离等于导线截面周长自身的几何平均距离。

对于等距的平面回路的互感，可以近似地认为等于两个相应的等距元素线的互感。这两条等距元素线与研究的平面回路具有相同的形状和尺寸、它们的距离等于两回路的截面面积（用于直流或低频）或截面周长（用于高频）之间的几何平均距离。

交流电流在导线截面上的分布是不均匀的，存在邻近效应和集肤效应，它使交流电感有着不同于直流电路的数值。邻近效应是指相邻的导线在相互的磁场作用下会产生电流挤到导体一边的现象。相邻层的导线若电流方向相同，电流会往外侧挤，相邻层的导线若电流方向相反，电流会往外内侧挤。集肤效应是指交变电流在导线中流动，导线表面电流密度较大，越靠近导线中心电流密度越小的现象。从集肤效应原理知道，导线截面上交变电流的分布特性既取决于导线材料的磁导率和电导率，也取决于导线电流的频率。因此，在交流下，导线或回路的自感和互感也间接地与上述各量有关。

当其余的条件不变时，频率不同，电感也不同。在其他条件相同下，电流频率越高，集肤效应和邻近效应表现得也越为强烈，所以在计算电感时，应区别直流与交频情况、高频情况和甚高频情况。低频是指此一类频率的电流在导线截面上的分布单路不均匀，但回路周围介质内的电磁波处于准稳定状态，即电磁波波长远远超过回路自身的尺寸以及各回路之间的距离。此时，可以近似认为在任意时刻在每条回路的所有各横截面上的电流都相等，尚不至于对电感的数值造成多大影响。高频是指在此频率下，电流分布的不均匀性已较显著，以致在计算时必须加以考虑。甚高频是指在此频率下，电流在截面上的分布极不均匀，甚至可以认为电流完全集中在导线极薄的表层，并且常将此层的厚度认为等于零。当导体内电磁波的波长远远超出导线截面的线尺寸时，属于低频情况；当波长小于导线截面的线尺寸时，属于甚高频情况。当然，式（3-14）只能直接应用于直流及低频（30~300kHz）的交流，因为这时每条回路各点的电流密度都相同，当然，也能够应用于甚高频（30~300MHz）。

从式（3-14）能够看出，对于两条闭合的平面回路，它们的互感在数值上与两个对应的等距元素线的几何平均距离数值上存在对应关系。由式（3-14）还可以得出，减小两线圈所在平面的夹角，有助于获得较好的耦合性能。

由以上的分析可以初步得出结论，对于线圈外周长一定的初、次级线圈，两线圈所在平面的夹角越小，线圈的形状越接近，外形上越趋近于圆形（即几何平均距离越小），所得到的互感越大，耦合性能越好。

3.1.5 电磁感应式无线供电系统的分布电容控制

电磁感应式无线供电系统的耦合变压器中的分布电容对电路的影响可以归纳为：

（1）初、次级线圈电压发生变化时，分布电容中的能量发生变化，就会在变压器内部和主电路回路中产生高频的振荡环流，使变压器和功率器件的损耗增加，并且产生高频电磁辐射，直接影响到变换器的稳定性。

（2）变压器绕组电压越高，分布电容储存的能量越大，在变换器开关管导通瞬间，这部分能量瞬时流动，在变压器内部及主电路中产生较大电流尖峰，影响开关管工作的可靠性。

（3）开关管开通速度越快，初、次级线圈的端电压的变化速度就越快，从而绕组分布电容中的能量流动也会越快，会形成较大电流尖峰。

减小分布电容对电路的影响可采用以下方法：一是采用改进变压器绕制工艺的方法来减小分布电容；二是提高电路的抗干扰能力高的变换方法。

从变压器的工艺设计来考虑，减小变压器分布电容影响的控制方法可以采用Z型绕法、分段式绕法或蜂窝式绕法，这些方法都可不同程度地减少变压器的分布电容，但这些绕制工艺都相对复杂，而且会降低窗口利用率。同时，这些方法在减小分布电容的同时，漏感可能会稍有增大，如果一味地减小分布电容必然导致漏感增加，而这恰恰是感应式电能传输系统应尽力避免的。

减小分布电容，需要在初级电路的变换器控制中采用提高电路的抗干扰能力的方法。比如峰值电流控制型变换器采用斜坡补偿，可以使性能得到很大改善。误差电压信号送至 PWM 比较器后，不是像电压模式那样与振荡电路产生的固定三角波电压斜坡比较，而是与一个变化的其峰值代表输出电感电流峰值的三角波或梯形尖角状合成波形信号比较，然后得到 PWM 脉冲关断时刻。斜坡补偿相当于增加了电流上升斜率，使电流在开通时间内变化量变大，因而起到了抑制干扰的作用，可以解决高压小功率场合及轻载时的不稳定现象。

3.2 电磁感应式无线供电系统传输性能指标

3.2.1 电磁感应式无线供电系统的电压增益

电压增益表明了输出与输入电压比随负载变化的情况。

由图 3-2 可得初、次级电路的方程表达式为：

$$\begin{cases} I_1(j\omega L_1 + R_1) - I_2 j\omega M = U_1 \\ I_2(j\omega L_2 + R_2 + R_L) = I_1 j\omega M \end{cases}$$

式中　I_1——初级绕组电流；

　　　I_2——次级绕组电流；

　　　ω——系统固有角频率；

　　　L_1——初级绕组电感；

　　　L_2——次级绕组电感；

　　　R_1——初级绕组电阻；

　　　R_2——次级绕组电阻；

　　　R_L——负载电阻；

　　　M——互感；

　　　U_1——输入电压；

　　　j——虚数单位。

因为，$Z_1 = j\omega L_1 + R_1$，$Z_2 = j\omega L_2 + R_2 + R_L$，可以得到简化的电路方程表达式为：

$$\begin{cases} I_1 Z_1 - I_2 j\omega M = U_1 \\ I_2 Z_2 - I_1 j\omega M = 0 \end{cases}$$

用矩阵表示为：

$$\begin{bmatrix} U_1 \\ 0 \end{bmatrix} = \begin{bmatrix} Z_1 & -sM \\ -sM & Z_2 \end{bmatrix} \begin{bmatrix} I_1 \\ I_2 \end{bmatrix}$$

其中

$$s = j\omega$$

于是可以得到初、次级电路的电流为：

$$\begin{cases} I_1 = \dfrac{Z_2 U_1}{Z_1 Z_2 + \omega^2 M^2} \\ I_2 = \dfrac{j\omega M U_1}{Z_1 Z_2 + \omega^2 M^2} \end{cases}$$

负载上输出电压 U_L 为：

$$U_L = I_2 Z_L = \frac{j\omega M U_1 Z_L}{Z_1 Z_2 + \omega^2 M^2}$$

由于 $Z_1 = j\omega L_1 + R_1$，$Z_2 = j\omega L_2 + R_2 + R_L$，得到负载电压和初级输入电压之比，即电压增益为：

$$A = \frac{U_L}{U_1} = \frac{\dfrac{j\omega M U_1 Z_L}{Z_1 Z_2 + \omega^2 M^2}}{U_1} = \frac{j\omega M Z_L}{Z_1 Z_2 + \omega^2 M^2} = \frac{j\omega M R_L}{(R_1 + j\omega L_1)(R_2 + R_L + j\omega L_2) + \omega^2 M^2}$$

$$= \frac{\omega^2 M R_L (L_1 R_2 + L_1 R_L + L_2 R_1) + j\omega M R_L (R_1 R_2 + R_1 R_L - \omega^2 L_1 L_2 + \omega^2 M^2)}{(R_1 R_2 + R_1 R_L - \omega^2 L_1 L_2 + \omega^2 M^2)^2 + [\omega(L_1 R_2 + L_1 R_L + L_2 R_1)]^2}$$

式中　A——电压增益；

U_1——输入电压；

U_L——负载电压；

Z_1——初级阻抗；

Z_2——次级阻抗；

Z_L——负载阻抗；

ω——系统固有角频率；

L_1——初级绕组电感；

L_2——次级绕组电感；

R_1——初级绕组电阻；

R_2——次级绕组电阻；

R_L——负载电阻；

M——互感；

j——虚数单位。

当系统工作在高频状态下时，初、次级电抗值相对于线圈电阻值都较大，为简化分析，包含初、次级绕组电阻的项可以略去不计，可得负载电压和初级电源电压之比为：

$$A = \frac{U_L}{U_1} = MR_L \frac{L_1R_L - j\omega MR_L(L_1L_2 - M^2)}{(\omega L_1L_2 - \omega M^2)^2 + (L_1R_L)^2} = MR_L \frac{L_1R_L - j\omega(L_1L_2 - M^2)}{(\omega L_1L_2 - \omega M^2)^2 + (L_1R_L)^2} \quad (3-15)$$

式中　A——电压增益；

　　　U_1——输入电压；

　　　U_L——负载电压；

　　　ω——系统固有角频率；

　　　L_1——初级绕组电感；

　　　L_2——次级绕组电感；

　　　R_L——负载电阻；

　　　M——互感；

　　　j——虚数单位。

电压增益 A 的幅度为：

$$A = \left| \frac{U_L}{U_1} \right| = \frac{MR_L}{\sqrt{R_L^2 L_1^2 + \omega^2(L_1L_2 - M^2)^2}} \quad (3-16)$$

电压增益的相角为：

$$\theta_A = -\arctan \frac{\omega(L_1L_2 - M^2)}{L_1R_L} \quad (3-17)$$

3.2.2　电磁感应式无线供电系统的初级输入视在功率

在输出功率相同时，需要的初级电源容量较大，因而需要对初级输出的视在功率进行讨论。

为简化分析，忽略初、次级线圈绕组电阻和磁芯损耗。设负载上的输出功率 P_2 保持不变，那么次级输出电流。所需的初级绕组输入电压 U_1 和电流 I_1 分别为：

$$U_1 = \sqrt{\frac{P_2}{R_L}} \cdot \sqrt{\left(\frac{L_1R_L}{M} \right)^2 + \omega^2 \left(\frac{L_1L_2}{M} - M \right)^2}$$

$$= \frac{1}{M} \cdot \sqrt{\frac{P_2}{R_L}} \cdot \sqrt{(L_1R_L)^2 + \omega^2(L_1L_2 - M^2)^2} \quad (3-18)$$

式中　U_1——输入电压；

　　　P_2——输出功率；

　　　R_L——负载电阻；

　　　ω——系统固有角频率；

　　　L_1——初级绕组电感；

　　　L_2——次级绕组电感；

　　　M——互感。

$$I_1 = \sqrt{\frac{P_2}{R_L}} \cdot \frac{\sqrt{R_L^2 + \omega^2 L_2^2}}{\omega M} = \frac{1}{M} \cdot \sqrt{\frac{P_2}{R_L}} \cdot \sqrt{\left(\frac{R_L}{\omega}\right)^2 + L_2^2} \qquad (3-19)$$

式中　I_1——初级绕组电流；

　　　P_2——输出功率；

　　　R_L——负载电阻；

　　　ω——系统固有角频率；

　　　L_2——次级绕组电感；

　　　M——互感。

可以看出，随着运行频率的提高，初级绕组供电电压提高，同时，初级绕组的供电电流减小。由式（3-18）和式（3-19）可得初级端输入视在功率 S_1 为：

$$S_1 = U_1 I_1 = \frac{P_2}{M^2 R_L} \sqrt{\frac{L_1^2 R_L^4}{\omega^2} + \omega^2 L_2^2 (L_1 L_2 - M^2)^2 + R_L^2 (L_1 L_2 - M^2)^2 + L_1^2 L_2^2 R_L^2}$$

式中　S_1——初级端输入视在功率；

　　　U_1——输入电压；

　　　I_1——初级绕组电流；

　　　P_2——输出功率；

　　　R_L——负载电阻；

　　　ω——系统固有角频率；

　　　L_1——初级绕组电感；

　　　L_2——次级绕组电感；

　　　M——互感。

当角频率 ω 取值 $\omega_{opt} = R_L \sqrt{\dfrac{L_1}{L_2 (L_1 L_2 - M^2)^2}} = \dfrac{R_L}{L_2 \sqrt{1 - k^2}}$，且在输出功率 P_L 一定的情况下，初级输入视在功率 S_1 有最小值：

$$S_{1min} = \frac{P_L (2L_1 L_2 - M^2)}{M^2} = \frac{P_L (2 - k^2)}{k^2}$$

式中　S_{1min}——初级端输入视在功率最小值；

　　　P_L——负载端功率；

　　　L_1——初级绕组电感；

　　　L_2——次级绕组电感；

　　　k——耦合系数；

　　　M——互感。

电磁感应式电能传输系统的工作频率为 ω，与优化频率的比值用 q 表示，实际初级输入视在功率 S_1 与最小初级输入视在功率 S_{1min} 的比值 Δ 为：

$$\Delta = \frac{S_1}{S_{1\min}} = \frac{\sqrt{\dfrac{1-k^2}{q^2} + (1-k^2)^2 + 1 + (1-k^2)q^2}}{2-k^2}$$

图 3 – 13 所示为初级输入视在
功率与耦合系数和运行频率的关
系。由图·3 – 13 可以看出，耦合系
数越高，初级端需要的输入视在功
率越小；同样，运行频率越接近最
优工作频率，越有助于降低初级端
需要的输入视在功率。

3.2.3　电磁感应式无线供电系统的
输出功率

由前面的分析可知，负载上的
电压和电流分别为：

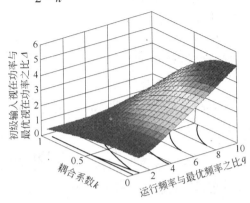

图 3 – 13　初级输入视在功率与耦合
系数和运行频率的关系

$$\begin{cases} U_L = I_2 Z_L = \dfrac{j\omega M U_1 Z_L}{Z_1 Z_2 + \omega^2 M^2} \\[4mm] I_L = I_2 = \dfrac{j\omega M U_1}{Z_1 Z_2 + \omega^2 M^2} \end{cases}$$

式中　U_L——负载上的电压；

　　　I_2——次级绕组电流；

　　　Z_L——负载阻抗；

　　　j——虚数单位；

　　　ω——系统固有角频率；

　　　M——互感；

　　　U_1——输入电压；

　　　Z_1——初级绕组阻抗；

　　　Z_2——次级绕组阻抗；

　　　I_L——负载上电流。

那么，负载上的视在功率 S_L 为：

$$S_L = U_L L_L = \frac{j\omega M U_1 Z_L}{Z_1 Z_2 + \omega^2 M^2} \cdot \frac{j\omega M U_1}{Z_1 Z_2 + \omega^2 M^2} = \left(\frac{j\omega M U_1}{Z_1 Z_2 + \omega^2 M^2} \right)^2 Z_L \qquad (3-20)$$

式中　S_L——负载上的视在功率；

　　　U_L——负载上的电压；

　　　I_L——负载上电流；

Z_L——负载阻抗；

j——虚数单位；

ω——系统固有角频率；

M——互感；

U_1——输入电压；

Z_1——初级绕组阻抗；

Z_2——次级绕组阻抗。

不计绕组电阻时，设负载为纯电阻 R_L，可以得到负载输出视在功率的表达式为：

$$S_L = \left(\frac{j\omega M U_1}{Z_1 Z_2 + \omega^2 M^2} \right)^2 Z_L = \left[M U_1 \cdot \frac{L_1 R_L - j\omega(L_1 L_2 - M^2)}{L_1^2 R_L^2 + (\omega L_1 L_2 - \omega M^2)^2} \right]^2 R_L \quad (3-21)$$

式中 S_L——负载上的视在功率；

Z_L——负载阻抗；

j——虚数单位；

ω——系统固有角频率；

M——互感；

U_1——输入电压；

Z_1——初级绕组阻抗；

Z_2——次级绕组阻抗；

L_1——初级绕组电感；

L_2——次级绕组电感；

R_L——负载电阻。

负载上的视在功率 S_L 的幅值为：

$$|S_L| = \frac{U_1^2 M^2 R_L}{L_1^2 R_L^2 + \omega^2 (L_1 L_2 - M^2)^2}$$

式中 S_L——负载上的视在功率；

ω——系统固有角频率；

M——互感；

L_1——初级绕组电感；

L_2——次级绕组电感；

R_L——负载电阻。

当 $R_L = \dfrac{\omega(L_1 L_2 - M^2)}{L_1}$ 时，输出视在功率有最大值 S_{Lmax}。此时输出视在功率最大值的幅值 $|S_{Lmax}|$ 和相角 θ_L 分别为：

$$\begin{cases} |S_{Lmax}| = \dfrac{U_1^2 M^2}{2L_1^2 R_L} \\[3mm] \theta_L = \arctan\left[-\dfrac{2L_1 R_L \omega(L_1 L_2 - M^2)}{L_1^2 R_L^2 + (L_1 L_2 - M^2)^2} \right] \end{cases}$$

式中 S_{Lmax}——负载上的输出视在功率最大值；

　　　　θ_L——相角；

　　　　U_1——输入电压；

　　　　ω——系统固有角频率；

　　　　M——互感；

　　　　L_1——初级绕组电感；

　　　　L_2——次级绕组电感；

　　　　R_L——负载电阻。

3.2.4　电磁感应式无线供电系统的传输效率

电磁感应式无线供电系统的传输效率 η 为：

$$\eta = \frac{P_L}{P_1} = \frac{|I_L|^2 R_L}{\mathrm{Re}[I_1]U_1}$$

式中　　η——传输效率；

　　　　P_L——负载上的功率；

　　　　P_1——输入功率；

　　　　I_L——负载电流；

　　　　R_L——负载电阻；

　　　　I_1——初级绕组电流；

　　　　U_1——输入电压。

令 $\dfrac{\partial \eta}{\partial C_2} = 0$，得到初级电路串联补偿、次级电路并联补偿下的 C_2 的值为：

$$C_2 = \frac{R_1 L_2}{R_1 R_2^2 + k^2 L_1 L_2 R_2 \omega^2 + R_1 L_2^2 \omega^2}$$

式中　　C_2——次级电路并联补偿电容；

　　　　R_1——初级绕组电阻；

　　　　R_2——次级绕组电阻；

　　　　L_1——初级绕组电感；

　　　　L_2——次级绕组电感；

　　　　ω——系统固有角频率。

串联补偿时，谐振运行频率越高，负载电阻越小，次级补偿对输出功率的改进程度就越大。而并联补偿正好相反。

通常，大功率传输中负载电阻值的作用相对较小，而小功率传输中负载电阻值的作用相对较大。因此，负载功率越大，串联补偿对输出功率的改进程度越大；而负载功率越小，并联补偿对输出功率的改进程度越大。

感应式电能传输系统耦合环节采用磁芯变压器和空芯变压器。对于磁芯变压器，传输效率 η 为：

$$\eta = \frac{P_2}{P_1} = \frac{P_2}{P_2 + P_{Fe} + P_{Cu}}$$

式中　P_2——输出功率；

　　　P_1——输入功率；

　　　P_{Fe}——磁芯损耗（铁耗）；

　　　P_{Cu}——铜耗。

磁芯损耗 P_{Fe} 与磁芯材料、频率、磁感应强度和温度有关。对于软磁铁氧体材料，磁芯损耗的表达式为：

$$P_{Fe} = \gamma f^n B^m$$

式中　γ——材料系数；

　　　f——运行频率；

　　　B——磁芯工作磁通密度；

　　n, m——系数。

通常系数 n 小于系数 m，m 典型值为 2.5。

电磁感应式无线供电系统的变压器磁芯通常工作在线性条件下。随着供电电流的增加，工作磁密 B 线性增加。磁芯损耗可以通过测量不同频率 f 下空载损耗来求得。空载损耗包括初级绕组的铜耗和铁耗，由于初级绕组电阻相对较小，空载时损耗主要是铁耗。负载时供电电流增加的倍数就等于工作磁密增加的倍数。设 P_0 为空载损耗，则有：

$$P_{Fe} = P_0 \left(\frac{I_1}{I_{10}}\right)^m$$

式中　P_{Fe}——磁芯损耗；

　　　P_0——空载损耗；

　　　I_1——初级绕组电流；

　　　I_{10}——初级绕组空载时电流。

不计磁芯损耗时，传输效率 η 为：

$$\eta = \frac{P_2}{P_1} = \frac{R_{r1}}{R_1 + R_{r1}} \cdot \frac{R_L}{R_L + R_2} \tag{3-22}$$

式中　η——传输效率；

P_2——输出功率；

P_1——输入功率；

R_{r1}——初级反映电阻；

R_1——初级绕组电阻；

R_2——次级绕组电阻；

R_L——负载电阻。

推导式（3-22）进一步得到：

$$\eta = \frac{P_2}{P_1} = \frac{R_{r1}}{R_1 + R_{r1}} \cdot \frac{R_L}{R_L + R_2} = \frac{1}{1 + \dfrac{R_1}{R_{r1}}} \cdot \frac{1}{1 + \dfrac{R_2}{R_L}}$$

可见，在初级电路，初级反映电阻较初级绕组电阻越大，传输效率越大；在次级电路，负载电阻较次级绕组电阻越大，传输效率越大。

3.3 初、次级线圈相对位置对耦合性能的影响

耦合是指两个或两个以上的电路元件或电网络的输入与输出之间存在紧密配合与相互影响，并通过相互作用从一侧向另一侧传输能量的现象，概括地说，耦合就是指两个或两个以上的实体相互依赖于对方的一个量度。电磁感应式无线供电系统和传统变压器的最大区别是初级和次级线圈之间都存在气隙，气隙的存在使耦合器内的磁力线分布发生变化。增大耦合器之间的气隙，会使耦合器励磁电感减小，漏感增大，从而导致电能传输效率降低。

初、次级线圈相对位置的改变包括气隙的改变、中心偏移量和偏转角的变化，而中心偏移量和偏转角的变化实际上也间接地改变了气隙的大小，所以在此先讨论一下气隙特性对耦合性能影响。

由于电磁感应式无线供电系统的变压器中存在较大的气隙，气隙中存储了大量的能量。磁芯存在气隙时，励磁安匝数 W_i 为：

$$W_i = dH_a + l_c H_c$$

式中　d——气隙长度；

　　　H_a——气隙的磁场强度；

　　　l_c——磁芯的有效长度；

　　　H_c——磁芯的磁场强度。

可以看出，气隙的存在减弱了磁场。因为磁路中有气隙时，磁通会对外扩张，造成边缘效应，增加了气隙的有效面积，从而减弱了磁场。本节将以圆形线圈为例，讨论气隙、中心偏移量和偏转角对互感的影响，并引入椭圆积分的级数形式对互感计算公式进行简化，得到互感的普适性计算公式。

3.3.1　理想状态下互感计算

为简化分析，以圆形线圈为例，
取初、次级绕组的任一线圈进行耦
合性能的理论分析。图 3 - 14 中，
L_1 和 L_2 分别为初、次级绕组的线圈；
O_1 和 O_2 分别为初、次级绕组的中
心；r_1 和 r_2 分别为初、次级绕组的半
径；dl_1 和 dl_2 分别为初、次级绕组的
长度元素；ϕ 为 P 点的矢径相对 x
轴的角度；θ 为 Q 点的矢径相对 x'
轴的角度；r_{12} 为 P、Q 之间的距离；
线圈 L_1 中的电流为 I_1，中心偏移量
(lateral misalignment) 为 Δ；偏转角

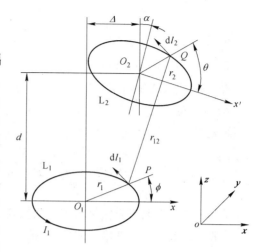

图 3 - 14　初、次级线圈的相对位置示意图

(angular misalignment) 为 α；气隙 (air gap) 为 d。理想状态即 $\Delta = 0$，$\alpha = 0$。

任意取 L_1 和 L_2 上的点 P 和点 Q，则这两点的矢径分别为：

$$\begin{cases} r = r_1\cos\phi x + r_1\sin\phi y \\ r' = r_2\cos\theta x + r_2\sin\theta y + \delta z \end{cases}$$

于是有：

$$\begin{cases} dr' = r_2(-\sin\theta x + \cos\theta y)d\theta \\ |r - r'| = \sqrt{r_1^2 + r_2^2 + d^2 - 2r_1r_2\cos(\theta - \phi)} \end{cases} \tag{3-23}$$

将式 (3 - 23) 代入磁矢位表达式：

$$A = \frac{\mu_0}{4\pi}\oint_{L_1}\frac{I_1 dr'}{|r - r'|} = \frac{\mu_0 I_1 r_2}{4\pi}\int_{-\pi}^{\pi}\frac{(-\sin\theta x + \cos\theta y)d\theta}{\sqrt{r_1^2 + r_2^2 + d^2 - 2r_1r_2\cos(\phi - \theta)}} \tag{3-24}$$

令 $\varphi = \phi - \theta$，则 $d\theta = -d\varphi$，于是式 (3 - 24) 最终可以化简为：

$$A = \frac{\mu_0 I_1 r_2}{\pi}\int_0^{\frac{\pi}{2}}\frac{(2\sin^2\varphi - 1)d\varphi}{\sqrt{(r_1 + r_2)^2 + d^2 - 4r_1r_2\sin^2\varphi}} \tag{3-25}$$

令 $k = \sqrt{\dfrac{4r_1r_2}{(r_1 + r_2)^2 + d^2}}$，由恒等变换 $2\sin^2\varphi - 1 = \dfrac{1}{k^2}\left[1 - \dfrac{k^2}{2} - \left(\sqrt{1 - k^2\sin^2\varphi}\right)^2\right]$，
式 (3 - 25) 可以写成：

$$A = \frac{\mu_0 I_1}{\pi k}\sqrt{\frac{r_1}{r_2}}\left[\left(1 - \frac{k^2}{2}\right)K(k) - E(k)\right] \tag{3-26}$$

其中

$$K(k) = \int_0^{\frac{\pi}{2}}\frac{d\varphi}{\sqrt{(1 - k^2\sin^2\varphi)}}$$

$$E(k) = \int_0^{\frac{\pi}{2}} \sqrt{(1 - k^2 \sin^2\varphi)}\, d\varphi$$

式中，$K(k)$ 和 $E(k)$ 分别为第一类椭圆积分和第二类椭圆积分。

由图 3-14 可知，回路 L_1 中的电流 I_1 产生的通过回路 L_2 的磁通为：

$$\Phi_{21} = \oint_{C_2} A\, dr_2 \tag{3-27}$$

由于 $dr_2 = r_2 d\theta$，把式（3-26）代入式（3-27），且互感 $M = \dfrac{\Phi_{21}}{I_1}$，于是得到互感的表达式为：

$$M = \mu_0 \sqrt{r_1 r_2} \left[\left(\frac{2}{k} - k \right) K(k) - \frac{2}{k} E(k) \right] \tag{3-28}$$

式中　M——互感；

μ_0——真空磁导率；

r_1——初级绕组半径；

r_2——次级绕组半径；

$K(k)$——第一类椭圆积分；

$E(k)$——第二类椭圆积分；

k——椭圆模。

令 $G(k) = \left(\dfrac{2}{k} - k \right) K(k) - \dfrac{2}{k} E(k)$，则式（3-28）可简化为：

$$M = \mu_0 \sqrt{r_1 r_2}\, G(k) \tag{3-29}$$

第一类椭圆积分和第二类椭圆积分的级数表示形式分别为：

$$K(k) = \frac{\pi}{2} \left[1 + \left(\frac{1}{2} \right)^2 k^2 + \left(\frac{1 \times 3}{2 \times 4} \right)^2 k^4 + \left(\frac{1 \times 3 \times 5}{2 \times 4 \times 6} \right)^2 k^6 + \cdots \right]$$

$$E(k) = \frac{\pi}{2} \left[1 - \left(\frac{1}{2} \right)^2 k^2 - \left(\frac{1 \times 3}{2 \times 4} \right)^2 \frac{k^4}{3} - \left(\frac{1 \times 3 \times 5}{2 \times 4 \times 6} \right)^2 \frac{k^6}{5} - \cdots \right]$$

因为在 $k < 1$ 时，第一类椭圆积分和第二类椭圆积分的级数表达式中的高次幂项的收敛速度非常快，所以在对第一类椭圆积分和第二类椭圆积分的级数表达式进行计算时，可以忽略表达式中的高次幂项，在这里，计算 $G(k)$ 时只取到 k^6 项，则 $G(k)$ 可以写成：

$$G(k) = \frac{\pi}{4} \left(\frac{k^3}{4} + \frac{k^5}{7} - \frac{25k^7}{128} \right)$$

将 $G(k)$ 的表达式代入式（3-29），于是式（3-29）就可以写成：

$$M = \frac{\pi \mu_0}{4} \sqrt{r_1 r_2} \left(\frac{k^3}{4} + \frac{k^5}{7} - \frac{25k^7}{128} \right)$$

则理想状态下初、次级绕组之间总的互感值 M_{total} 计算公式为：

$$M_{\text{total}} = \frac{\pi\mu_0 N_1 N_2 \sqrt{r_1 r_2}}{4}\left(\frac{k^3}{4} + \frac{k^5}{7} - \frac{25k^7}{128}\right) \qquad (3-30)$$

式中 M_{total}——理想状态下初、次级绕组之间总的互感；

μ_0——真空磁导率；

r_1——初级绕组半径；

r_2——次级绕组半径；

k ——椭圆模；

N_1，N_2——初、次级绕组匝数。

从式（3-30）可知，理想状态下系统的耦合性能与 N_1、N_2 乘积成正比，和 $\sqrt{r_1 r_2}$ 成正比，在 N_1、N_2、r_1、r_2 一定的情况下，互感与 k 有关。由于 $k = \sqrt{\dfrac{4r_1 r_2}{(r_1 + r_2)^2 + d^2}}$，从这个表达式不难看出，$k$ 的值随 d 的增大而减小，因此，式（3-30）中，互感是随 d 增大而减小的。

图 3-15 所示为互感与气隙、线圈半径比（$\lambda_r = \dfrac{r_2}{r_1}$）之间的关系仿真图。从图 3-15 可以看出，气隙越小，互感系数越大；气隙增大，互感数值降低。当 λ_r 增大时，互感值也增大，系统的耦合性能会提高，这是因为次级线圈越大，由初、次级线圈产生的磁通能更多地穿越次级线圈，次级线圈接收到初级线圈发射的能量也相应地更多。所以在

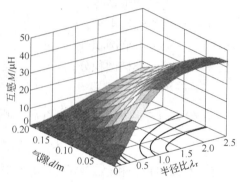

图 3-15 互感与气隙、线圈半径比 λ_r 之间的关系

实际应用中，为了使次级线圈能接收到更多的能量，初、次级线圈之间的气隙应该尽可能地小。

3.3.2 中心偏移量 Δ 对互感的影响

初、次级线圈之间存在中心偏移量时，图 3-14 中 $\Delta \neq 0$，$\alpha = 0$。在分析中心偏移量 Δ 对电磁感应式无线供电系统互感的影响时，首先假设 $\Delta < r_1$，这是因为当 $\Delta > r_1$ 时，次级线圈在初级线圈中的投影面积为零，初级线圈产生的磁通只有很少一部分能够穿越次级线圈，系统的传输性能也会很差。为了便于计算，假设绕组 L_2 沿着 x 轴的正方向平移 Δ 的距离。点 P 和点 Q 的矢径分别为：

$$\begin{cases} r = r_1\cos\phi\, x + r_1\sin\phi\, y \\ r' = (r_2\cos\theta + \Delta)x + r_2\sin\theta\, y + \delta z \end{cases}$$

于是有：

$$\begin{cases} \mathrm{d}r' = r_2\left(-\sin\theta x + \cos\theta y\right)\mathrm{d}\theta \\ |r - r'| = \sqrt{r_1^2 + r_{2\mathrm{L}}^2 + d^2 - 2r_1 r_{2\mathrm{L}}\cos(\theta + \beta)} \end{cases}$$

其中
$$r_{2\mathrm{L}} = \sqrt{r_2^2 + \Delta^2 + 2\Delta r_2\cos\theta}$$

$$\beta = \arctan\frac{\Delta\sin\phi}{r_2 + \Delta\cos\phi}$$

采用与理想状态下相同的互感推算方法得到有中心偏移量的互感计算公式为：

$$M_\Delta = \frac{\mu_0}{2\pi}r_1 r_2 \oint \frac{r_2 + \Delta\cos\phi}{\sqrt{r_1 r_{2\mathrm{L}}(\Delta^2 + r_2^2)}}\, G(k_\Delta)\,\mathrm{d}\phi \tag{3-31}$$

其中
$$k_\Delta = \sqrt{\frac{4r_1 r_{2\mathrm{L}}}{(r_1 + r_{2\mathrm{L}})^2 + d^2}} < 1$$

由式（3-31）可以看出，很难通过积分求出互感值的表达式，可以通过函数的单调性来得出互感值的单调性。

令 $f(\phi) = \dfrac{r_2 + \Delta\cos\phi}{\sqrt{r_1 r_{2\mathrm{L}}(\Delta^2 + r_2^2)}}$，通过分析可知，函数 $f(\phi)$ 和函数 $G(k_\Delta)$ 的单调性与 $\cos\phi$ 的单调性一致。把函数 $f(\phi)$ 和 $G(k_\Delta)$ 作为一个整体，它是被积函数时，最终的互感计算值应该在最大值与最小值之间，所以在函数 $f(\phi)$ 中取 $\cos\phi = 1$，在函数 $G(k_\Delta)$ 中取 $\cos\phi = -1$，此时求出的互感表达式为：

$$M_\Delta = \frac{\mu_0 r_1 r_2}{\sqrt{r_1(r_2 + \Delta)}}G(k_{\Delta\max})$$

其中
$$k_{\Delta\max} = \sqrt{\frac{4r_1(r_2 + \Delta)}{(r_1 + r_2 + \Delta)^2 + d^2}} < 1$$

那么，初、次级绕组之间有中心偏移量时总的互感值计算公式为：

$$M_{\Delta\mathrm{total}} = \frac{\pi\mu_0 r_1 r_2 N_1 N_2}{4\sqrt{r_1(r_2 + \Delta)}} \times \left(\frac{k_{\Delta\max}^3}{4} + \frac{k_{\Delta\max}^5}{7} - \frac{25k_{\Delta\max}^7}{128}\right) \tag{3-32}$$

式中　$M_{\Delta\mathrm{total}}$——初、次级绕组之间有中心偏移量时总的互感值；

$\quad\quad\mu_0$——真空磁导率；

$\quad\quad r_1$——初级绕组半径；

$\quad\quad r_2$——次级绕组半径；

$\quad\quad\Delta$——中心偏移量；

N_1、N_2——分别为初、次级绕组匝数。

从式（3-32）不难看出，有中心偏移量时系统的耦合性能和 N_1、N_2 乘积成正比，中心偏移量的增大会使互感值减小。图3-16所示为中心偏移量在初、次级线圈半径值和气隙值一定的情况下 $k_{\Delta\max}$ 随中心偏移量变化的变化图。

从图 3-16 可以看出，当中心偏移量 Δ 增大时，$k_{\Delta\max}$ 是减小的。中心偏移量从 0 增大到 6cm 时，$k_{\Delta\max}$ 的值从 0.997 下降到了 0.942，由此可见，随着中心偏移量的增大，$k_{\Delta\max}$ 减小的量值并不是很大。因此，$M_{\Delta\text{total}}$ 的大小变化主要取决于中心偏移量 Δ 的改变，从式（3-32）可知，中心偏移量 Δ 是分母项，当中心偏移量 Δ 增加时，$M_{\Delta\text{total}}$ 会相应减

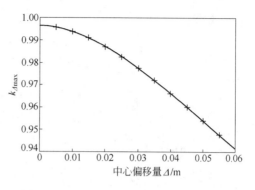

图 3-16 $k_{\Delta\max}$ 随中心偏移量 Δ 的变化图

小，所以 $M_{\Delta\text{total}}$ 是随中心偏移量的增大而单调减小的。

3.3.3 偏转角 α 对互感的影响

初、次级线圈之间存在偏转角时，图 3-14 中 $\Delta=0$，$\alpha\neq0$（$\alpha<90°$）。初级绕组是关于正交面对称的，且初、次绕组的中心线重合。为了便于计算，假设绕组 L_2 沿着 x 轴的正方向平移 Δ 的距离，且偏转角 α 在 xoz 平面内。则点 P 和点 Q 的矢径分别为：

$$\begin{cases} r = r_1\cos\phi x + r_1\sin\phi y \\ r' = r_2\cos\theta\cos\alpha x + r_2\sin\theta y + (r_2\cos\theta\sin\alpha + d)z \end{cases}$$

于是有：

$$\begin{cases} \mathrm{d}r' = r_2(-x\sin\theta\cos\alpha + y\cos\theta - z\sin\theta\sin\alpha)\mathrm{d}\theta \\ |r - r'| = [r_1^2 + r_2^2 + d^2 - 2r_1r_2(\cos\theta\cos\phi\cos\alpha + \sin\theta\sin\phi) - 2r_2d\cos\theta\sin\alpha]^{\frac{1}{2}} \end{cases}$$

采用与理想状态下相同的互感推算方法得到有偏转角的互感计算公式为：

$$M_\alpha = \frac{\mu_0}{\pi}\frac{\sqrt{r_1r_2}}{\sqrt{\cos\alpha}}\int_0^\pi \left(\frac{\cos\lambda}{\cos\phi}\right)^{\frac{3}{2}}G(k_\alpha)\mathrm{d}\phi \qquad (3-33)$$

$$\lambda = \arctan\frac{\sin\phi}{\cos\phi\cos\alpha}$$

$$k_\alpha = \left(\frac{\dfrac{4r_1r_2\cos\phi\cos\alpha}{\cos\lambda}}{r_1^2 + r_2^2 + d^2 - 2r_2d\cos\phi\sin\alpha + \dfrac{2r_1r_2\cos\phi\cos\alpha}{\cos\lambda}}\right)^{\frac{1}{2}}$$

式中 μ_0——真空磁导率；

r_1——初级绕组半径；

r_2——次级绕组半径；

α——偏转角。

对式（3-33）采用与 M_Δ 相同的分析方法，令：

$$f(\lambda) = \left(\frac{\cos\lambda}{\cos\phi}\right)^{\frac{3}{2}}$$

当 $\alpha = 0$ 时，即初、次级绕组之间没有偏转角，互感计算公式可以用式（3-28）来计算；而当 $\alpha \neq 0$ 时，由于 $f(\lambda)$ 不是关于 α 的函数，因此在函数 $f(\lambda)$ 中取 $\cos\phi = -1$，而在函数 $G(k_\alpha)$ 中取 $\cos\phi = 1$，则有：

$$M_\alpha = \frac{\mu_0}{\sqrt{\cos\alpha}}\sqrt{r_1 r_2} G(k_{\alpha max})$$

其中

$$k_{\alpha max} = \left(\frac{4 r_1 r_2 \cos\alpha}{r_1^2 + r_2^2 + d^2 - 2 r_2 d \sin\alpha + 2 r_1 r_2 \cos\alpha}\right)^{\frac{1}{2}}$$

那么，初、次级绕组之间存在偏转角时总的互感值为：

$$M_{\alpha total} = \frac{\pi\mu_0 N_1 N_2}{4}\frac{1}{\sqrt{\cos\alpha}}\sqrt{r_1 r_2} \times \left(\frac{k_{\alpha max}^3}{4} + \frac{k_{\alpha max}^5}{7} - \frac{25 k_{\alpha max}^7}{128}\right) \tag{3-34}$$

式（3-34）和另一个计算公式 $M_{\alpha total} = MR\cos\alpha$ 相比，形式上式（3-34）更为复杂，但是由于经验参数 R 与线圈半径、气隙和偏转角等因素有关，R 的值很难确定，因此，式（3-34）计算互感就更直观和准确。图 3-17 所示为互感随偏转角 α 变化的变化图。

从图 3-17 可以看出，偏转角 α 由 0 开始增大时，互感值会随着偏转角 α 的增大而增大，这是因为

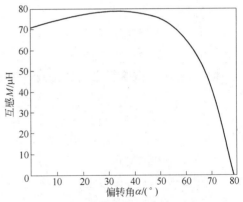

图 3-17　互感随偏转角 α 变化的变化图

当有偏转角时，次级绕组有一半面积的线圈与初级绕组的线圈之间的气隙变得更小，使初、次级绕组的公共磁通增加。当偏转角 α 增大到一定的程度时（$\alpha > 40°$），互感值会随着偏转角 α 的增大而急剧下降。

3.3.4　中心偏移量 Δ 和偏转角 α 同时作用对互感的影响

一般情况下，初、次级绕组之间同时存在中心偏移量和偏转角，即图 3-14 中变量 $\Delta \neq 0$，$\alpha \neq 0$。同样可以按以下步骤推导互感的计算公式：

（1）根据几何结构求出 dr' 和 $|r - r'|$ 的表达式。

（2）通过椭圆积分的级数表达式简化互感的计算公式。

（3）最终的积分函数一般很难通过积分运算求出互感的具体表达式，不过可以通过函数的单调性来推导出互感的近似表达式。

将有偏转角时的互感表达式 M_α 与理想状态下互感值 M 的表达式比较可知，除了 k 和 k_α 不同外，M_α 的表达式比 M 的表达式多了 $\dfrac{1}{\sqrt{\cos\alpha}}$ 的系数，所以，同时存在中心偏移量和偏转角使得互感表达式和 M_Δ 之间也会多 $\dfrac{1}{\sqrt{\cos\alpha}}$ 的系数，即：

$$M_{\Delta\alpha} = \frac{M_\Delta}{4\sqrt{\cos\alpha}} = \frac{\mu_0 r_1 r_2}{4\sqrt{\cos\alpha}\sqrt{r_1(r_2+\Delta)}}G(k_{\Delta\max})$$

$$k_{\Delta\max} = \sqrt{\frac{4r_1(r_2+\Delta)}{(r_1+r_2+\Delta)^2+d^2}} < 1$$

式中 $M_{\Delta\alpha}$ ——初、次级为单匝线圈、存在中心偏移量和偏转角时的互感；

　　　M_Δ ——初、次级为单匝线圈、存在中心偏移量时的互感；

　　　α ——偏转角；

　　　Δ ——中心偏移量；

　　　μ_0 ——真空磁导率；

　　　r_1 ——初级绕组半径；

　　　r_2 ——次级绕组半径。

那么，初、次级绕组之间存在偏转角时总的互感值为：

$$M_{\Delta\alpha total} = \frac{\pi\mu_0 N_1 N_2}{4\sqrt{\cos\alpha}} \times \frac{r_1 r_2}{\sqrt{r_1(r_2+\Delta)}} \times \left(\frac{k_{\Delta\max}^3}{4} + \frac{k_{\Delta\max}^5}{7} - \frac{25k_{\Delta\max}^7}{128}\right) \quad (3-35)$$

式中 $M_{\Delta\alpha total}$ ——初、次级线圈间存在中心偏移量和偏转角时的总互感值；

　　　α ——偏转角；

　　　Δ ——中心偏移量；

　　　μ_0 ——真空磁导率；

　　　r_1 ——初级绕组半径；

　　　r_2 ——次级绕组半径；

　　　N_1，N_2 ——分别为初、次级绕组匝数。

图 3-18 所示为互感随中心偏移量 Δ 和偏转角 α 的变化图，从图 3-18 中可以看出，在偏转角一定时，互感值随中心偏移量 Δ 的增大而减少；而在中心偏移量 Δ 一定时，互感值却

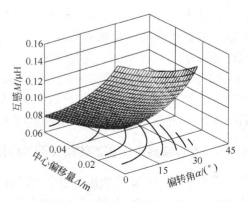

图 3-18 互感随中心偏移量 Δ 和偏转角 α 的变化图

是随偏转角 α 的增大而增大的，这是因为当有偏转角 α 时，次级绕组有一半面积的线圈与初级绕组的线圈之间的气隙变得更小，使初、次级绕组的公共磁通增加。在偏转角 α 较小时，其对互感的影响较大；而中心偏移量 Δ 比较大时，其对互感的影响又占支配地位。

3.4 电磁感应式无线供电系统的实验研究

通过第 2 章对电磁感应式无线供电系统的性能分析，得到了主要影响电磁感应式无线供电系统电能性能的参数，本节将在此基础上结合前人的文献搭建一个具有一般性的电磁感应式无线供电系统，并在此基础上进行讨论。

电磁感应式无线供电系统利用电磁感应理论实现电能的传输，能量传输方框图如图 3-19 所示。以可分离初、次级绕组为分界点，能量传输方框图由两大部分组成，系统初级绕组由交流电网输入，整流滤波成直流电，并经过功率因数校正，通过高频逆变给系统初级绕组提供高频交流电流。通过初级绕组与次级绕组的感应电磁耦合将电能经过整流滤波和功率调节后提供给用电设备。系统初、次级端采用无线通信的方式对能量变换进行检测和控制。初级绕组和次级绕组是可分离的，这和开关电源中的变压器有很大的不同。此外，可分离的初、次级绕组可以保持相对静止或运动的状态，适用于不同的应用场合。

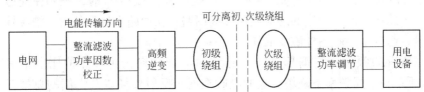

图 3-19　电磁感应式无线供电系统能量传输方框图

电磁感应式无线供电系统采用疏松耦合实现能量传输，因此，系统的初级绕组与次级绕组之间有一段较长的空气磁路，漏磁很大，耦合系数较低，这限制了能量传输的能力和效率。因此，为了设计出传输能力强、传输效率高的无线供电系统，在设计时必须遵循设计准则。主要的设计准则为：

（1）提高电磁感应式无线供电系统的耦合系数。选取合适的变压器磁芯结构和绕组位置，可以提高系统的耦合系数，提高能量传输的能力。

（2）采用谐振变换器作为电磁感应式无线供电系统的功率变换器。为了给系统初级绕组提供波形质量较好的交流电流，减少电磁干扰和电磁辐射，常采用谐振变换器给系统的初级绕组提供正弦电流。

（3）实现开关管的软开关。提高变换器的开关频率可以减小电磁感应式无线供电系统的体积和质量，但是，随着开关频率的不断提高，采取硬开关方式的功率变换器，其开关损耗将大大增高，这影响了系统效率的提高，对电动汽车和磁悬浮列车等大功率充电场合，提高变换器的效率尤为重要。因此，为了实现高功率密度、高的能量传输效率，必须实现开关管的软开关，减小开关损耗。

（4）提高变换器的输入功率因数。提高变换器的输入功率因数可以有效地减小谐波含量，提高功率因数。

图 3-20 所示为实验系统图。本节将在遵循以上设计准则的基础上对电磁感应式无线供电系统各个环节参数进行设计，并通过实验对互感计算方法进行验证。

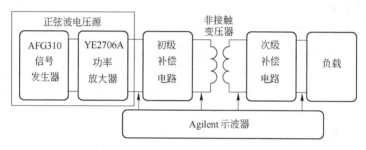

图 3-20 实验系统图

为了屏蔽外界磁场，在试验台的外围使用金属铁架屏蔽。铁架的各个面均由 4 个首尾相接的金属管构成回路矩形，当磁场到达回路平面时，磁场在连通的回路中产生感应电流。产生的感应电流构成回路，在回路上耗尽的同时消耗掉了磁场能量，起到了屏蔽内外磁场的作用。

在所有的频率下，钢都是非常有效的屏蔽材料，而且性价比也很好。图 3-21 所示为不同频率下磁场屏蔽的吸收损耗、反射损耗以及它们的总损耗的曲线图。可以看出，随着频率的增加，各种损耗逐渐增大，当频率大于 100kHz 时，损耗变得相当大，频率达到兆级时，任何整体屏蔽都是足够的。

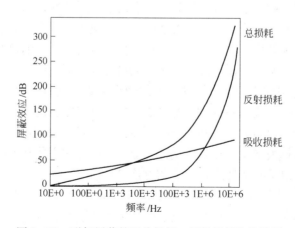

图 3-21 磁场屏蔽的吸收损耗、反射损耗和总损耗

3.4.1 电磁感应式无线供电系统电压源设计

初级端供电质量将直接影响传输性能，它是电磁感应式无线供电系统中的重要构件。提高变换器效率，减小输出谐波分量，实现正弦波电压或电流供电是初级变换器研究和发展的方向。实际应用中，初级变换器一般包括整流电路与高频逆变电路两部分。为了提高变换效率，常采用谐振技术，利用初级绕组电感实现谐振变换。

图 3-20 所示为实验系统图。正弦波电压源由 SONY - Tektronix 公司 AFG310 型信号发生器与扬州无线电二厂生产的 YE2706A 型功率放大器组成。AFG310 型信号发生器可产生正弦波、方波、矩形波等标准函数波形。输出信号的频率最高达 16MHz，输出阻抗为 50Ω。YE2706A 型功率放大器可以输出 0.01 ~ 20kHz 的高频正弦交流电压，电源电压可在 0 ~ 20V 范围内调节。所以实验系统由 AFG310 型信号发生器和 YE2706A 型功率放大器组成的正弦波电压源可以输出最高频率为 20kHz 的正弦交流电压，最大输出电压为 20V。

在高频下，电路或元件受分布参数的影响，电流分布是不均匀的。频率为 500Hz 以上时，无法用交流电流表或万用表来直接测量各处的电流值，一般都采用间接测量法，即通过电阻采样，先用示波器测出电压，用欧姆定律换算成电流。变压器输入端和输出端电压是通过示波器得出，输入和输出电流用欧姆定律计算得到。一般来说，示波器的探针工作频率大于 10MHz，远远大于实验条件的 150Hz ~ 1MHz，所以实验系统的工作频率在示波器的工作频率范围内。

3.4.2 电磁感应式无线供电系统初、次级线圈制作

从成本和现实性考虑，绕组需要减少电流密度，线圈设计不宜过小。由参考文献 [4] 可知，初、次级线圈的几何形状越接近，耦合器的耦合性能就越好；由图 3-14 可知，当 $r_2 \geqslant r_1$ 时，系统的耦合性能也越好。所以本章进行实验的初、次级线圈都设计成半径相等、匝数相同的圆形线圈。

初、次级绕组的匝数 N 可以用以下公式计算：

$$N = \frac{U_1}{k_f f B_w A_e} \tag{3-36}$$

式中　U_1——输入电压，V；

　　　k_f——波形系数，等于有效值和平均值之比；

　　　f——工作频率，Hz；

　　　B_w——磁芯工作磁通密度，T；

　　　A_e——磁芯有效截面积，m^2。

对于作为电磁能量接收环节的次级电路，其处理方式选择自由，评价的指标

不同。因为在电磁感应式无线供电系统中，设计对应的负载多为感性负载，所以为了放大电压，在次级电路靠近负载处并联一电容 C_{res}，通过选择合适的电容大小（经验计算公式为：$C_{res} = \dfrac{1}{\omega^2 L_2 + L_2}$），使电路中的无功电流在电容与感性负载构成的回路中循环，这就使外部的输电电路和电源不必提供无功分量，减少了无功功率的需求，提高了传输效率。

本章的实验系统采用的线圈可被视为一个具有圆柱形的复杂回路，其线匝有顺轴向缠绕的或垂直于轴向缠绕的，这与线圈的形式有关。但是，在计算线圈的电感时，若要顾及线匝的螺旋性却是非常困难的。因此，在计算电感时，一般总是忽略线匝的螺旋性，而把线匝视为各自闭合的平面线匝（与原有线匝有相似的形状，置于近乎平行的平面上）的集合体，即通过求解与被研究的线圈有相同的外形和尺寸的单匝线圈的自感和互感来获得。

为了验证前面的结论，设计了两个圆形线圈。两线圈安装在绝缘导轨上，线圈之间的距离可以调节，线圈可以在导轨上水平移动，也能偏转一定角度。其相应的参数见表3-7。

表 3-7 系统初、次级线圈的参数

项　目	线圈半径 r/mm	匝数 N/匝	线径 a/mm	电感 L /μH	线圈高度 /mm	线圈电阻 R_p/Ω	其他参数
初级线圈	140	50	0.5	761	10	0.79	$R_L = 2.5\Omega$、
次级线圈	140	50	0.5	761	10	0.79	5.4Ω、10.5Ω

3.4.3 气隙、中心偏移量和偏转角对互感的影响研究

初、次级绕组的自感和互感可以通过空载实验测得。由次级端输入电压计算公式 $U_2 = j\omega M I_1$ 推导，得到次级端开路时，空载电压的计算公式为：

$$U_{20} = j\omega M I_{10}$$

式中　U_{20}——次级电路空载电压；

　　　 j ——虚数单位；

　　　 ω ——固有角频率；

　　　 M ——互感；

　　　 I_{10}——初级电路空载电流。

于是可以得到互感系数 M 的计算公式为：

$$M = \left| \frac{U_{20}}{\omega I_{10}} \right| \tag{3-37}$$

初、次级线圈的电感也可以用类似的方法测出，其计算公式为：

$$L_i = \frac{1}{\omega}\sqrt{\left(\frac{U_i}{I_{i0}^2}\right)^2 - \left(\frac{P_0}{I_{i0}^2}\right)^2} \qquad (i = 1,2) \tag{3-38}$$

式中　ω——固有角频率；

　　　P_0——空载损耗；

　　　I_{i0}——初、次级电路空载电流；

　　　U_i——初、次级电路输入电压。

实验中，电感的测量采用 LCR 电感量测量仪。

3.4.3.1　气隙 d 对互感 M 的影响

实测得到线圈之间的距离对互感的影响如图 3 - 22 所示。由图 3 - 22可以看出，互感的大小与初、次级线圈之间的距离有关，距离越小，互感系数越大；距离增大，互感系数降低。随着线圈间距离的增加，加上外界干扰因素的影响，互感水平趋于一个较小互感值，此时再讨论互感值就没有实际意义了。

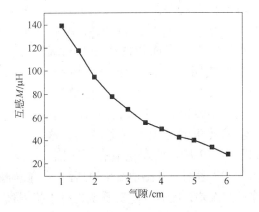

图 3 - 22　气隙对互感的影响

图 3 - 22 和图 3 - 15 相比较可知，实验测得的数据和理论的推导是基本吻合的，这说明理想状态下初、次级绕组之间的互感理论计算公式 (3 - 30) 是可以采信的。

3.4.3.2　中心偏移量 Δ 对互感 M 的影响

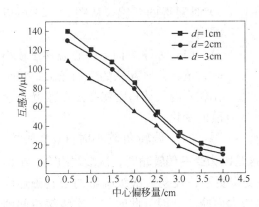

图 3 - 23　中心偏移量对互感的影响

图 3 - 23 所示为线圈的垂直距离 d 分别为 1cm、2cm 和 3cm 时，中心偏移量对互感的影响。

从图 3 - 23 可以看出，互感值随中心偏移量的增加而显著减少，这表明随着中心偏移量的增加，穿过次级线圈的磁通量会减少，系统的耦合性能也随之降低。当中心偏移量为一个定值时，初、次级线圈之间的气隙越大，系统的互感值越小；初、次级线圈之间的气隙越小，获得的系统的互感值就越大。如果要想使系统得到一个确定的互感值，当初、次级线圈之间的气隙较大时，则需要减少中心偏移量的值；相反，当初、次级线圈之间的气隙较小时，则中心偏移量的值可以大一些。所以在系统所需的互感值一定时，可以在中心偏移量和气隙这两个参数之间进行优化。

3.4.3.3 偏转角 α 对互感 M 的影响

图 3 - 24 所示为初、次级线圈之间距离为 6cm 时互感和偏转角之间的关系。从图 3 - 24 可以看出，互感值在偏转角开始增大时也随着有所增大，这是因为当有偏转角时，次级绕组有一半面积的线圈与初级绕组的线圈之间的气隙变得更小，使初、次级绕组的公共磁通增加。但是当偏转角 α > 30°时，互感值会随着偏转角的增大而显著减小，这和图 3 - 17 所示的理论值有所区别，

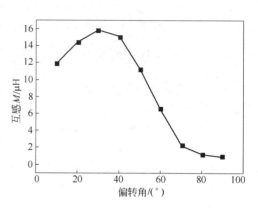

图 3 - 24 偏转角对互感的影响

图 3 - 17 表明，互感值 α > 40°后才会显著减小，这主要是因为实验中线圈的制作存在误差，实验环境对系统也有干扰因素。

3.4.3.4 中心偏移量 Δ 和偏转角 α 对互感 M 的影响

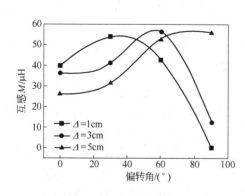

图 3 - 25 中心偏移量和偏转角对互感的影响

图 3 - 25 所示为实测得到的初、次级线圈分别偏移 1cm、3cm、5cm 时，偏转角分别取 0°、30°、60°、90°时测得的互感。从图 3 - 23 可以看出：

（1）水平方向上中心偏移量较小时，偏转角对互感的影响较大，一个比较小的偏转角度就会使互感 M 有显著的变化。

（2）偏转角较小时（α < 30°），互感值会随着偏转角的增加而增大，这是因为当有偏转角时，次级绕组有一半面积的线圈与初级绕组的线圈之间气隙变得更小，使初、次级绕组的公共磁通增加，在 α > 30°时，互感值随偏转角的增大而减小，因为此时初、次级绕组间的公共磁通急剧下降。

(3) 水平方向上中心偏移量较大时,中心偏移量决定了互感的大小,中心偏移量越大,互感 M 的值就越小。

(4) 在中心偏移量很大的情况下,由于同时通过初、次级线圈的总磁通量很小,耦合系数很小,讨论中心偏移量和偏转角度对互感 M 的影响已无实际意义。

3.4.4 工作频率和负载对输出功率的影响

带磁芯的电磁感应式无线供电系统的传输效率 η 为:

$$\eta = \frac{P_2}{P_1} \qquad\qquad (3-39)$$

式中 P_2——输出功率;

  P_1——输入功率。

由式(3-39)可知,如果要提高系统的传输效率,就必须尽可能地提高输出功率的值。下面将讨论系统工作频率和负载值对输出功率的影响。

图 3-26 所示为系统工作频率对输出功率的影响。实验时,初、次级线圈之间的距离为 $d=5\mathrm{cm}$,负载电阻 $R_\mathrm{L}=10.5\Omega$。由图 3-26 可知,在输入电压一定的条件下,随着工作频率的增大,输出功率也是随之增加的。如果实际需求的输出功率一定时,输入电压较高时,对系统的工作频率要求就比较低;相反,如果输入电压比较低,则需要将系统的工作频率设置得比较高。

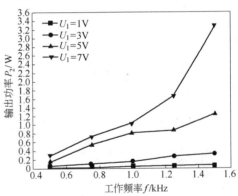

图 3-26 系统工作频率对输出功率的影响

所以在输出功率一定时,可以在输入电压和工作频率之间进行优化。

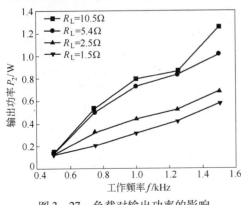

图 3-27 负载对输出功率的影响

图 3-27 所示为负载大小对输出功率的影响。实验中输入电压值为 U_1 为 5V。从图 3-27 中可以知道,在输入电压一定的情况下,负载电阻越大,输出功率越大。在输入电压不变的情况下,大的负载能够输出更多的功率;系统的工作频率越大,负载的输出功率也就越大。所以在实际应用中,如果需要获得较大的输出功率,可以将负载

电阻设置大一些，系统的工作频率设置高一些。

3.5 本章小结

本章先对电磁感应式无线供电系统耦合模型进行了比较详细的分析，并对电磁感应式无线供电系统的磁路进行了参数分析。补偿技术能有效地提高电磁感应式无线供电系统的传输效率，本章对并联和串联补偿技术分别进行了详细的理论分析和参数推导。本章同时对耦合环节得到的自感和互感参数进行了理论总结和分析。并对电磁感应式无线供电系统中几个重要的性能指标进行了理论推导，包括：电压增益、初级输入视在功率、输出功率和传输效率。初、次级线圈之间的气隙、中心偏移量和偏转角对系统的互感有重要的影响，本章推导了互感受到气隙、中心偏移量和偏转角影响时普适性理论公式算法，并引入椭圆积分的级数表达式，简化了互感的理论计算公式。本章最后设计了电磁感应式无线供电系统的实验系统，对推导的理论公式进行了验证。

4　电磁谐振式无线供电

~~~~~~

　　谐振现象广泛地存在于自然界中，根据最大能量传输定理和谐振理论，当工作频率和系统（初级、次级电路）固有频率相同时，能够获得最大传输效能。电磁谐振式无线供电系统的基本原理是让高频功率源的频率和初、次级绕组的固有频率相同，从而构成一个高频磁耦合谐振系统。电磁场随距离的增加而迅速衰减，电磁谐振式无线供电就是利用两个发生谐振耦合的电路来捕捉随距离衰减的电磁场，即当初级端和次级端发生谐振时，使大部分能量能从初级绕组传输到次级绕组。

4.1　电磁谐振式无线供电系统传输性能指标

　　麦克斯韦电磁场理论认为：变化的电场会激起变化的磁场，而变化的磁场又可以产生变化的电场，电现象与磁现象紧密地联系在一起。这种交替产生的具有电场与磁场作用的物质空间就称为电磁场。而任何电磁场发生源周围均有作用场存在，即以感应为主的近区场（也称为感应场）和以辐射为主的远区场（又称为辐射场），它们的相对划分界限一般为一个波长。近区场的电磁场强度一般比远区场要大得多。

　　近区场内，磁场强度随距离的变化比较快，在此空间内的不均匀度较大。一般情况下，对电压高、电流小的场源（如发射天线、馈线等），电场要比磁场强得多；对电压低、电流大的场源，磁场要比电场强得多。而在广泛应用的无线通信中，所利用的是远场区的辐射电磁波。

　　在近区场，电磁场能量在辐射源周围空间及辐射源内部之间周期性地来回流动，不向外发射。利用近区场的这一特性，通过巧妙的制作发射源，使发射源近距离内（米级范围）充满了不向外辐射的交变磁场，而电场被大大抑制了（电场被束缚在电容内），同时也没有产生向外辐射的电磁波。近区交变磁场即为无线能量传输的媒介。

　　电磁谐振式无线供电技术是国内外学术界和工业界开始探索的一个新领域，它集电磁场、电力电子、高频电子、电磁感应、耦合理论等多学科交叉的基础研究与应用研究，属于世界上电能输送领域的前沿课题。该技术具有以下特点：

　　（1）非辐射性。与通信用的无线发射机有本质区别，它要求通过适当的设计与控制使系统不向外辐射电磁波，以免能量消耗在空间中，可以理解为利用的是电磁波的近场特性。

（2）空间进行能量交换的媒介是交变磁场，对环境影响较小（电场则会发生危险）。

（3）无严格的方向性。采用适当的设计可以做到无方向性。

（4）良好的穿透性，它不受非金属障碍物的影响。

迄今为止，无线供电技术的研究大部分还是集中在电磁感应式和电磁辐射式，并且这两方面的研究也有了一些进展。无线供电技术有 3 个重要的性能指标：大气隙、高效率和大功率。电磁感应式无线供电的传输效率能达到 80%，但是其传输距离又很有限，大多数情况下只能是几毫米；电磁辐射式无线供电的能量传输距离最大可以达到 10m，但是其传输功率又很小，只能是毫瓦级，且无线电波在传输过程中向四周散射，导致传输效率也很低。所以传输效率、传输功率和传输距离是以上两种无线供电技术不可兼顾的矛盾。与以上两种无线供电技术相比，电磁谐振式无线供电技术的理论传输距离能达到 5m，传输效率能达到 40% 以上，且传输的功率能达到几十瓦，它在移动电话、笔记本电脑和电动汽车充电方面的应用前景很好，是一种应用范围更宽的新型技术。与电磁感应式无线供电技术相比，电磁谐振式无线供电技术采用的磁场要弱很多，但是传输距离却更大；与电磁辐射式无线供电技术相比，电磁谐振式无线供电在能量传输时逸散要少得多。然而，现阶段对电磁谐振式无线供电技术的研究还处于起步阶段，相关的理论和实验研究还很少，尤其是对传输效率影响的分析研究还很不够。本章从基本的电磁谐振电路出发，对磁耦合共振式无线供电技术进行研究。

对于一个电路，如果感抗大于容抗，则电压降是感性的，电压比电流导前；如果感抗小于容抗，则电压降是容性的，电压比电流滞后。当电流流经的阻抗在某些特定频率下很低时，感抗和容抗对相位角的影响互相抵消，回路中电流为最大，将发生串联谐振。此时电路中电流大小仅与电阻有关，而与电感和电容无关。当电流流经的阻抗在某些特定频率下很高时，感抗和容抗相位差为 180°，回路中电流最小（趋近于 0），将发生并联谐振。对于并联谐振，即使很小的电流也将在谐振频率上产生很大的电压。而串联谐振下，只需初级绕组施加较小的电压，就能得到最大输出电流。串联谐振的原理一般用来改善电力系统中的传输效率，增加合适的电抗器（校正电容器）是控制波形失真最经济的方法。

4.1.1 电磁谐振式无线供电系统的谐振频率

电磁谐振式无线供电系统的首要条件是初、次级绕组工作在同一个谐振频率。当高频功率源和初、次级端 LC 的固有谐振频率一致时，初级端和次级端的阻抗最低，流经负载的电流最大，此时在一定的传输距离内，大部分的能量能传输到负载，从而得到较大的传输效率；相反，如果系统处于失谐状态，则大部分能量就不能传输到负载。因此，高频功率源和 LC 固有谐振频率一致时，不发生失谐是实现电磁谐振式无线供电的关键。

在电阻、电感和电容的串联电路中，出现电路的端电压和电路总电流同相位的现象，称为串联谐振。其主要特征是：

（1）电路中的感抗与容抗完全抵消，所以阻抗模值最小，因此，在电源电压不变的情况下，电路中的电流将在谐振时达到最大值。

（2）电路中感抗与容抗完全相等，电源电压与电路中的电流同相，因此，电路对电源呈现电阻性，电源与电路之间不发生能量交换，电量交换只在电感与电容之间。

在电感线圈与电容器并联的电路中，出现并联电路的端电压与电路总电流同相位的现象，称为并联谐振。其主要特征是：

（1）阻抗模值比非谐振情况下的阻抗要大，因此，在电源电压一定的情况下，电路中的电流将在谐振时达到最小值。

（2）电源电压与电路中的电流同相，因此，电路对电源呈现电阻性，谐振时电路的阻抗模相当于一个电阻。

（3）谐振时各并联支路电流近于相等，而比总电流大许多倍，因此，并联谐振也称为电流谐振。

串联谐振和并联谐振的差别源于它们所用的振荡电路不同，前者是 L、R 和 C 串联，后者是 L、R 和 C 并联。以下是串联谐振和并联谐振的主要区别：

（1）串联谐振的负载电路对电源呈现低阻抗，要求由电压源供电；并联谐振的负载电路对电源呈现高阻抗，要求由电流源供电。

（2）串联谐振的输入电压恒定，输出电压为矩形波，输出电流近似正弦波；并联谐振的输入电流恒定，输出电压近似正弦波，输出电流为矩形波。

（3）串联谐振时的工作频率必须略低于负载电路的固有谐振频率，即应确保有合适的反压时间 t；并联谐振时的工作频率必须略高于负载电路的固有谐振频率，以确保有合适的反压时间 t。

当初、次级绕组和补偿电容分别进行串联连接和并联连接时，初、次级绕组的固有频率是不同的，下面对初、次级绕组和电容分别进行串联连接和并联连接时的固有谐振频率进行分析。

4.1.1.1 初、次级绕组和电容进行串联连接时的谐振频率分析

电磁谐振式无线电能传输系统除了初、次级绕组外，还有高频功率源和负载。为了简化起见，直接将初、次级绕组作为研究对象。图 4－1 所示为 LC 串联谐振耦合模型示意图。

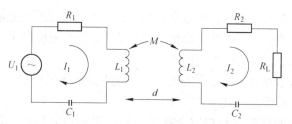

图 4-1 串联谐振耦合电路

U_1—高频功率源；R_1、R_2—分别为初、次级谐振电感线圈的电阻；R_L—负载；

C_1、C_2—分别为串联谐振电容；L_1、L_2—分别为初、次级绕组的电感量；

M—初、次级绕组间的互感；d—传输距离

串联谐振的特点是：电路呈纯电阻性，端电压和总电流同相，此时阻抗最小，电流最大，在电感和电容上可能产生比电源电压大很多倍的高电压，因此，串联谐振也称为电压谐振。

系统的工作频率可以用公式 $f = \dfrac{\omega}{2\pi}$ 求得。当初、次级绕组和谐振电容串联连接时，为达到最优性能，初级绕组和次级绕组的固有谐振角频率 ω 一般取：

$$\omega = \frac{1}{\sqrt{C_1 L_1}} = \frac{1}{\sqrt{C_2 L_2}}$$

实际应用中，$\sqrt{C_1 L_1}$ 和 $\sqrt{C_2 L_2}$ 不能保证严格相等，所以初级端和次级端的固有谐振角频率 ω 可以近似表示为：

$$\omega = \frac{1}{\sqrt{(L_1 + n^2 L_2)\left(C_1 + \dfrac{C_2}{n^2}\right)}} \tag{4-1}$$

式中　n——初、次级线圈匝数比；

$\quad\quad C_1$——初级串联电容；

$\quad\quad C_2$——次级串联电容；

$\quad\quad L_1$——初级绕组电感；

$\quad\quad L_2$——次级绕组电感。

此时，初、次级回路的等效电抗分别为：

$$\begin{cases} X_{eq1} = \mathrm{Im}\,(Z_1) + X_r = \omega L_1 + X_r = \dfrac{\omega L_1 (R_2 + R_L)^2 + \omega^3 L_2 (L_1 L_2 - M^2)}{(R_2 + R_L)^2 + \omega^2 L_2^2} \\[4mm] X_{eq2} = \mathrm{Im}\,(Z_2) + \mathrm{Im}\,(Z_{1r}) = \omega L_2 + \mathrm{Im}\left(\dfrac{\omega^2 M^2}{Z_1}\right) = \dfrac{\omega L_2 R_1 + \omega^3 L_1 (L_1 L_2 - M^2)}{R_1^2 + \omega^2 L_1^2} \end{cases} \tag{4-2}$$

式中　X_{eq1}——初级回路等效电抗；

$\quad\quad X_{eq2}$——次级回路等效电抗；

$\quad\quad Z_1$——初级回路电抗；

Z_2——次级回路电抗；

X_r——反应电抗；

ω——固有角频率；

L_1——初级绕组电感；

L_2——次级绕组电感；

R_1——初级回路电阻；

R_2——次级回路电阻；

R_L——负载电阻；

M——互感；

Z_{1r}——初级回路反应电抗。

图 4 - 2 （a）、（b）所示分别为初、次级回路上相异电路在其上的等效电抗。由三维等效电抗图及其在水平面上的投影可以看出，感应式电能传输系统的运行频率影响了反应电抗的大小。运行频率越高，初、次级电路之间的相互影响就越大，初、次级电路之间交换能量的性能就越高。比较图 4 - 2 （a）和图 4 - 2 （b）可以看到，不同耦合系数的条件下，运行频率对耦合效能的影响都呈近似直线性的关系。进一步可以得出：无论耦合系数如何变化，增加电能传输系统的运行频率都可以有效地提高系统的传输效能。

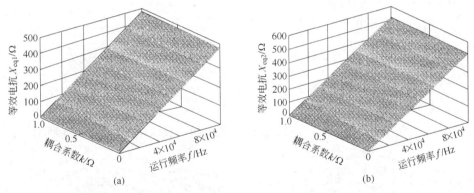

图 4 - 2　初、次级回路等效电抗随频率和耦合系数的变化
（$L_1 = 761 \mu H$, $L_2 = 824 \mu H$, $R_L = 10\Omega$, $R_1 = 0.079\Omega$, $R_2 = 0.079\Omega$）
（a）初级回路等效阻抗；（b）次级回路等效阻抗

由式（4 - 2）和图 4 - 2 可以看出，随着耦合系数的下降和运行频率的提高，初、次级回路的电抗参数呈迅速增加。为了改善初、次级回路的供电性能，需要对初、次级回路的无功功率进行补偿。

初、次级绕组的电感量 L 可以通过以下的公式来计算：

$$L = \mu_0 r N^2 \left(\ln \frac{8r}{a} - 1.75 \right) \qquad (4 - 3)$$

式中　μ_0——真空磁导率；

　　　　r——线圈半径；

　　　　N——线圈匝数；

　　　　a——导线截面半径。

初级端绕组和电容串联时，初级电路的阻抗为：

$$Z_1 = \frac{1}{j\omega C_1} + j\omega L_1 + R_1 \qquad (4-4)$$

式中　Z_1——初级回路电抗；

　　　　L_1——初级绕组电感；

　　　　R_1——初级回路电阻；

　　　　j——虚数单位；

　　　　ω——固有角频率；

　　　　C_1——初级补偿电容。

次级端绕组和电容串联时，次级电路的阻抗为：

$$Z_2 = R_2 + Z_L + j\frac{C_2 L_2 \omega^2 - 1}{\omega C_2} \qquad (4-5)$$

式中　Z_2——次级回路电抗；

　　　　R_2——次级回路电阻；

　　　　Z_L——负载电抗；

　　　　j——虚数单位；

　　　　ω——固有角频率；

　　　　C_2——次级补偿电容；

　　　　L_2——次级绕组电感。

从式（4-5）可以得出串联补偿的反映电阻、反映电抗如图4-3所示。

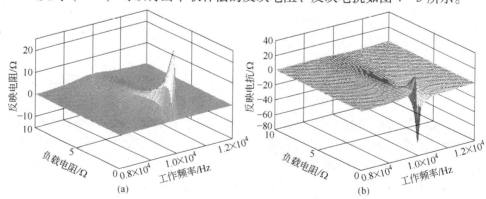

图4-3　串联补偿时的反映阻抗

（a）反映电阻；（b）反映电抗

从图4-3中的三维图及三维图在水平面上的投影可知，通过初级串联补偿，串联电容上的电压降与初级端的感抗压降相抵消，能量高度集中于系统的谐振频率和负载电阻为中心的区域内。在谐振频率下，电源端的视在功率最小，约等于系统中输入的有功功率的数值；而当运行频率偏离谐振频率时，电源端的视在功率急剧上升。所以，当系统运行频率为谐振频率时，能降低对电源的电压要求，从而降低了对供电系统的电流要求。

4.1.1.2　初、次级绕组和电容进行并联连接时的谐振频率分析

图4-4所示为LC并联谐振耦合模型示意图。并联谐振电路总阻抗最大，因而电路总电流变得最小，但对每一支路而言，其电流都可能比总电流大得多。并联谐振时，流过并联补偿电容的电流注入或吸收了初级绕组中电流的无功分量，从而降低了对供电系统的电流要求。

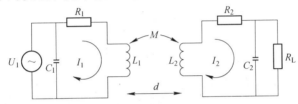

图4-4　并联谐振耦合电路

初级端与电容并联时的固有谐振角频率为：

$$\omega = \frac{1}{\sqrt{C_1 L_1}}$$

次级采用并联谐振补偿时，流入次级补偿电容中的电流与次级导纳中电流的无功分量相抵消，并联补偿的次级绕组端口近似等效于电流源，端口输出电流不受负载电阻值影响。因此，负载端的输出功率将得到大大提高。

初级端绕组和电容并联时初级电路的阻抗为：

$$Z_1 = \cfrac{1}{j\omega C_1 + \cfrac{1}{j\omega L_1 + R_1}} \tag{4-6}$$

式中　Z_1——初级回路电抗；

$\quad$ j——虚数单位；

$\quad$ ω——固有角频率；

$\quad$ C_1——初级补偿电容；

$\quad$ L_1——初级绕组电感；

$\quad$ R_1——初级回路电阻。

次级端绕组和电容并联时次级电路的阻抗为：

$$Z_2 = j\omega L_2 + \frac{R_L}{j\omega C_2 R_L + 1} + R_2 \tag{4-7}$$

式中 Z_2——次级回路电抗；

j——虚数单位；

ω——固有角频率；

L_2——次级绕组电感；

C_2——次级补偿电容；

R_2——次级回路电阻；

R_L——负载电阻。

此时，次级电路的固有谐振角频率为：

$$\omega = \sqrt{\frac{1}{L_2 C_2} - \left(\frac{1}{C_2 R_L}\right)^2}$$

图 4-5 所示为次级串联补偿时的反映阻抗与运行频率和负载电阻的关系。图 4-5 (a) 所示为次级串联补偿时的反映电阻，即式 (4-7) 中的实部与运行频率和负载电阻的关系。由反映阻抗定义，实部越大，初级电路交换到次级电路的能量也就越大。从图中三维图以及三维图在水平面上的投影。可以看出，通过次级的串联补偿，能量高度集中在了以指定的运行频率和负载电阻为中心的区域内。可以进一步得出，在次级串联补偿的情况下，运行频率偏离于谐振频率，反映电阻迅速降低，并趋近于 0。相对而言，由于负载的选择差异性不如频率那么显著，变化趋近于 0 的速度不像频率那么迅速。事实上，如果以运行频率和负载电阻的实际值与谐振对应值之比作为图中 xy 轴的坐标点，并以对数表示，得到的三维图的下降趋势在各个方向都是近似的。图 4-5 (b) 所示为次级串联补偿时的反映电抗与运行频率和负载电阻的关系。由于次级串联补偿的存在，尽管在

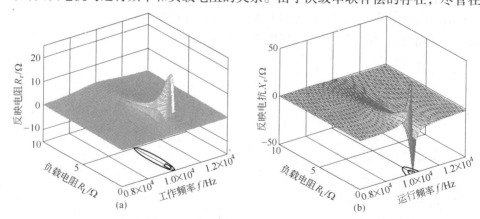

图 4-5 次级串联补偿时的反映阻抗

(a) 次级串联补偿时的反映电阻；(b) 次级串联补偿时的反映电抗

以指定的运行频率和负载电阻为中心的点，反映电抗为 0，但是由于附近的两个极点的存在，当工作频率偏离谐振频率时，反映电抗显著提高。

当谐振频率选为系统的额定运行频率，次级反映电阻得到了显著提高，从而传输的有功功率将大大增加。当运行频率偏离谐振频率时，反映电阻迅速下降。当运行频率小于谐振频率时；反映电抗急剧上升，当运行频率大于谐振频率时，反映电抗则迅速下降。

由以上的分析可知：在谐振频率下，无线供电系统能够达到最大值。越接近谐振频率，传输的效率就越高；相反，当系统的固有频率远离谐振频率时，传输的效率就会劣化。

4.1.2 电磁谐振式无线供电系统的传输效率

如果不考虑周围空间的结构，并且在干涉损耗和散失在周围环境中的损耗很低时，电磁谐振式无线供电系统可以在接近全方向的状态下实现并达到很高的效率。

电磁谐振式无线供电系统可以借助耦合模理论加以描述。当初级端和次级端谐振时，传输的功率最佳。如果从能量在系统内的衰减程度来计算传输效率，那么，此时的效率 η 可表示为：

$$\eta = \frac{\dfrac{\Gamma_W}{\Gamma_D} \cdot \dfrac{k^2}{\Gamma_S \Gamma_D}}{\left[\left(1 + \dfrac{\Gamma_W}{\Gamma_D}\right) \cdot \dfrac{\Gamma_W}{\Gamma_D} \cdot \dfrac{k^2}{\Gamma_S \Gamma_D}\right]\left(1 + \dfrac{\Gamma_W}{\Gamma_D}\right)^2} \tag{4-8}$$

式中　Γ_S——源的衰减率；

Γ_D——被驱动装置的衰减率；

Γ_W——无负载装置时的附加项；

k——初、次级绕组之间的耦合系数。

由式（4-8）可见，当 $\dfrac{\Gamma_W}{\Gamma_D} = \sqrt{1 + \dfrac{k^2}{\Gamma_D \Gamma_S}}$ 时，η 具有最大值，且传输效率高的关键是：$\dfrac{k^2}{\Gamma_D \Gamma_S} > 1$。

由于电磁谐振式无线供电系统的传输效率和源的衰减率、被驱动装置的衰减率有关，且衰减率和系统的阻尼有关，因此衰减率的值不容易得到，如果通过式（4-8）计算系统的传输效率就不直观。因此，下面通过初级端的输入功率和负载的输出功率来分析电磁谐振式无线供电系统的传输效率。

当初、次级绕组采用图 4-1 所示的串联谐振耦合电路时，此时串联谐振无线供电系统的模型可以用下面的方程表示：

$$
\begin{bmatrix} U_1 \\ 0 \end{bmatrix} = \begin{bmatrix} \dfrac{1}{j\omega C_1} + j\omega L_1 + R_1 & -j\omega M \\[2ex] -j\omega M & R_2 + Z_L + j\dfrac{C_2 L_2 \omega^2 - 1}{\omega C_2} \end{bmatrix} \begin{bmatrix} I_1 \\ I_2 \end{bmatrix} \tag{4-9}
$$

式中 U_1——输入电压;

  j——虚数单位;

  ω——固有角频率;

  C_1——初级补偿电容;

  C_2——次级补偿电容;

  L_1——初级绕组电感;

  L_2——次级绕组电感;

  R_1——初级回路电阻;

  R_2——次级回路电阻;

  Z_L——负载电抗;

  M——互感;

  I_1——初级回路电流;

  I_2——次级回路电流。

式 (4-9) 中,$Z_1 = \dfrac{1}{j\omega C_1} + j\omega L_1 + R_1$ 和 $Z_2 = R_2 + Z_L + j\dfrac{C_2 L_2 \omega^2 - 1}{\omega C_2}$ 分别为

初、次级回路的阻抗,于是可以得到初、次级回路的电流为:

$$
\begin{bmatrix} I_1 \\ I_2 \end{bmatrix} = \frac{1}{Z_1 Z_2 + (\omega M)^2} \begin{bmatrix} Z_2 & -j\omega M \\ -j\omega M & Z_1 \end{bmatrix} \begin{bmatrix} U_1 \\ 0 \end{bmatrix} \tag{4-10}
$$

则可以分别求得初级端的输入功率 P_1 和负载端的输出功率 P_2 为:

$$
\begin{cases} P_1 = U_1 I_1 = \dfrac{U_1^2 \mid Z_2 \mid}{\mid Z_1 Z_2 + (\omega M)^2 \mid} \\[3ex] P_2 = I_2^2 R_L = \dfrac{U_1^2 (\omega M)^2 R_L}{\mid [Z_1 Z_2 + (\omega M)^2]^2 \mid} \end{cases}
$$

式中 P_1——初级端输入功率;

  P_2——负载端输出功率;

  U_1——输入电压;

  I_1——初级回路电流;

  I_2——次级回路电流;

  Z_1——初级回路电抗;

  Z_2——次级回路电抗;

ω——固有角频率；

M——互感；

R_L——负载电阻。

于是，得到初、次级绕组采用串联谐振耦合电路时的系统传输效率 η 为：

$$\eta = \frac{P_2}{P_1} = \frac{(\omega M)^2 R_L}{|Z_2[Z_1 Z_2 + (\omega M)^2]|} \times 100\% \qquad (4-11)$$

由于系统处于谐振状态时，$Z_1 = R_1$，$Z_2 = R_2 + R_L$，因此式（4-11）可以简化为：

$$\eta = \frac{(\omega M)^2 R_L}{(R_2 + R_L)[R_1(R_2 + R_L) + (\omega M)^2]} \times 100\% \qquad (4-12)$$

式中　η——传输效率；

ω——固有角频率；

M——互感；

R_1——初级回路电阻；

R_2——次级回路电阻；

R_L——负载电阻。

当初、次级绕组采用图 4-4 所示的并联谐振耦合电路时，此时并联谐振无线供电系统的模型可以用下面的方程表示：

$$\begin{bmatrix} U_1 \\ 0 \end{bmatrix} = \begin{bmatrix} \dfrac{1}{j\omega C_1 + \dfrac{1}{j\omega L_1 + R_1}} & -j\omega M \\ -j\omega M & j\omega L_2 + \dfrac{R_L}{j\omega C_2 R_L + 1} + R_2 \end{bmatrix} \begin{bmatrix} I_1 \\ I_2 \end{bmatrix} \qquad (4-13)$$

式中　U_1——输入电压；

j——虚数单位；

ω——固有角频率；

C_1——初级补偿电容；

C_2——次级补偿电容；

L_1——初级绕组电感；

L_2——次级绕组电感；

R_1——初级回路电阻；

R_2——次级回路电阻；

R_L——负载电阻；

M——互感；

I_1——初级回路电流；

I_2——次级回路电流。

式（4-13）中，$Z_1 = \cfrac{1}{j\omega C_1 + \cfrac{1}{j\omega L_1 + R_1}}$ 和 $Z_2 = j\omega L_2 + \cfrac{R_L}{j\omega C_2 R_L + 1} + R_2$ 分别为

初、次级回路的阻抗。

采用与初、次级绕组串联谐振耦合电路时系统传输效率相同的分析方法，可以得到并联谐振式无线供电系统的传输效率 η 为：

$$\eta = \frac{(\omega M)^2 R_L}{(R_2 + R_L)[R_1(R_2 + R_L) + (\omega M)^2]} \times 100\% \qquad (4-14)$$

比较式（4-12）和式（4-14）可知，无论电磁谐振式无线供电系统处于串联谐振状态还是并联谐振状态，初、次级电路都对电源呈现电阻性，因此，两种谐振状态下的传输效率的计算公式也完全一样，都可以用式（4-14）来表示。

由式（4-14）可知，电磁谐振式无线供电系统的传输效率与系统的谐振频率 ω、初级绕组的电阻 R_1、次级绕组的电阻 R_2、负载电阻 R_L、互感 M 有关。当谐振系统的谐振电容确定以后，ω、R_1 和 R_2 就和谐振电感相关了，因此，初、次级绕组的电感量的确定对电磁谐振式无线供电系统的传输效率的计算就很重要了。在设计过程中，除制作过程会导致电感量偏离理论计算值外，线圈周围的环境、电路中的寄生参数和电路温升都会导致线圈电感量的变化。

式（4-14）中影响电磁谐振式无线供电系统传输效率的另一个重要参数是互感 M，谐振状态时互感的计算公式为：

$$M = \frac{\pi}{2} \cdot \frac{\mu_0 \sqrt{N_1 N_2} (r_1 r_2)^2}{d^3} \qquad (4-15)$$

式中 μ_0——空间磁导率；

N_1，N_2——分别为初、次级绕组匝数；

r_1，r_2——分别为初、次级线圈的半径；

d——初、次级绕组间的距离。

由式（4-15）可知，电磁谐振式无线供电系统的互感值和初、次级绕组之间距离的 3 次方成反比，即距离越大，互感值越小，系统的耦合性能就越差，相应地，系统的传输效率也就越低。

式（4-15）中令 $\lambda = \dfrac{r_2}{r_1}$，初、次级线圈半径比与互感之间的关系如图 4-6 所示。由图 4-6 可知，λ 越大，系统的耦合性能就越好，当 $\lambda > 1$ 时，互感 M 随 λ 增大而增大的趋势就越明显。所以在设计电磁谐振式无线供电系统时，使 $r_2 > r_1$ 能有效地提高系统的耦合性能。

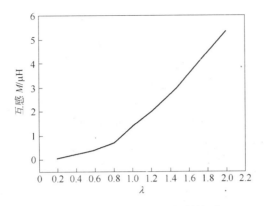

图 4 - 6 互感 M 和 λ 之间的关系

将式（4-15）代入式（4-14），得到电磁谐振式无线供电系统传输效率的详细计算公式为：

$$\eta = \frac{\left[\dfrac{\pi}{2} \cdot \dfrac{\mu_0 \omega \sqrt{N_1 N_2}(r_1 r_2)^2}{d^3}\right]^2 R_{\mathrm{L}}}{(R_2 + R_{\mathrm{L}})\left\{R_1(R_2 + R_{\mathrm{L}}) + \left[\dfrac{\pi}{2} \cdot \dfrac{\mu_0 \omega \sqrt{N_1 N_2}(r_1 r_2)^2}{d^3}\right]^2\right\}} \times 100\%$$

$$(4-16)$$

图 4 - 7 所示为电磁谐振式无线供电系统传输效率与负载和传输距离的关系。从图 4 - 7 中可以看出，传输效率在传输距离比较小时，系统的耦合性能比较好，电能能有效地传输到负载，所以在此范围内系统的传输效率比较高。但是当传输距离增大到一定值的时候，系统的互感会因为传输距离的增大而急剧减小，传输效率也随之快速地下降，之后传输效率就一直临近 0。所以传输距离是电磁谐振式无线供电系统的主要影响因素。另一方面，从图 4 - 7 中可以看出，负载电阻对电磁谐振式无线供电系统的传输效率的影响比较小。

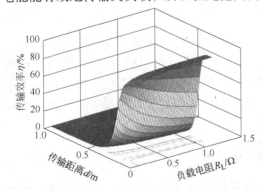

图 4 - 7 传输效率与负载和传输距离的关系

电磁谐振式无线供电系统的最佳谐振频率一般为 1 ~ 50MHz，由前面的分析可知，系统的谐振频率增大时，有利于提高系统的传输效率。但是谐振频率的增加对谐振系统也会产生相应的负面影响，一方面是器件的原因：现有的开关器件频率增加不能没有限制，同时线圈的固有频率也不能无限制地增加。开关器件的功率损耗由以下公式来表示：

$$P = CfU^2 \tag{4-17}$$

式中 C——门电容；

$\quad$ f——开关器件工作频率；

$\quad$ U——施加在开关器件上的电压。

由式（4-17）可知，更高的开关频率需要更高的供电电压。因此，开关频率的增加必然会导致供电电压增加，带来更多的功率损耗。

另一方面，高频工作条件下，由于初、次级绕组是空心线圈，因此会产生寄生电阻，主要包括线圈损耗电阻 R_o 和辐射损耗电阻 R_r，它们的计算公式分别为：

$$R_o = \sqrt{\frac{\omega\mu_0\rho}{2}} \times \frac{l}{2\pi a} = \sqrt{\frac{\omega\mu_0\rho}{2}} \times \frac{Nr}{a} \tag{4-18}$$

$$R_r = \sqrt{\frac{\mu_0}{\varepsilon_0}} \times \left[\frac{\pi}{12}N^2\left(\frac{\omega r}{c}\right)^4 + \frac{2}{3\pi^3}\left(\frac{\omega h}{c}\right)^2 \right] \tag{4-19}$$

式中 μ_0——空间磁导率；

$\quad$ ρ——导线的电阻系数；

$\quad$ l——线圈的导线长度；

$\quad$ a——导线的截面半径；

$\quad$ N——线圈匝数；

$\quad$ r——线圈的半径；

$\quad$ ω——固有角频率；

$\quad$ ε_0——空气介电常数；

$\quad$ h——线圈宽度；

$\quad$ c——光速。

在高频谐振状态下，一般有 $R_r \ll R_o$，即辐射损耗电阻 R_r 可以忽略不计，则线圈损耗电阻 R_o 为系统的主要寄生电阻。由式（4-18）可知，线圈损耗电阻 R_o 和线圈匝数 N、线圈的半径 r 成正比，和导线的截面半径 a 成反比。所以若想得到比较小的线圈损耗电阻 R_o，就需要使线圈的匝数尽量少、线圈的半径尽量小，且使用比较粗的导线。

4.1.3 电磁谐振式无线供电系统的品质因数

品质因数 Q 是谐振电路的一项非常重要的指标，它揭示了谐振电路的各种重要关系。Q 值的大小直接影响谐振电路的通频带和选择性等重要指标。品质因数 Q 值高时一般能达到 500~2000，众所周知，品质因数越高，能量的损耗越小，越有利于提高能量传输效率。

对于串联谐振电路，谐振阻抗是谐振时感抗或容抗的 $\frac{1}{Q}$ 倍，这说明串联电路发生谐振时，回路呈现很小的谐振电阻，这是串联谐振电路极为重要的特征。对于并联谐振电路，谐振阻抗是谐振时的感抗或容抗的 Q 倍，这说明并联电路发生谐振时，回路呈现很大的谐振电阻，这是并联谐振电路极为重要的特征。

对于电磁谐振式无线供电系统，如果品质因数太小，将会使系统的视在功率和无功功率增加，系统的损耗相应地增大，而且无功功率的增大会引起供电点的电压波动，影响系统的稳定性。所以，在设计电磁谐振式无线供电系统时，应尽量使品质因数大些。

对于谐振电路而言，不论是串联谐振还是并联谐振，都是在电场能量和磁场能量相互转换的过程中形成的。当回路发生谐振时，电感线圈中的磁场能与电容器中的电场能周期性地转化着，电抗元件不消耗外加电动势的能量，外加电动势只提供回路电阻所消耗的能量，以维持电路中的等幅振荡。而品质因数则表明在这一过程中谐振电路能量损耗的多少。因此，从能量的角度来定义品质因数最能揭示它的本质。

电容和电感是储能元件，在串联谐振电路中，电容和电感总的电磁能量为：

$$W = W_C + W_L = \frac{1}{2}CU_C^2(t) + \frac{1}{2}LI^2(t)$$

式中　W——总电磁能量；

　　　　W_C——串联谐振电路电容中的电磁能量；

　　　　W_L——串联谐振电路电感中的电磁能量；

　　　　C——电容；

　　　　U_C——电容两端电压；

　　　　L——电感；

　　　　I——电感中电流；

　　　　t——时间。

设 $I(t) = I_0\cos(\omega t)$，则有：

$$U_C(t) = I_C X_C = I_0 \frac{1}{\omega C}\cos\left(\omega t - \frac{\pi}{2}\right) = \frac{I_0}{\omega C}\sin(\omega t)$$

式中　U_C——电容两端电压；

　　　　I_C——电流；

　　　　X_C——反应电抗；

　　　　C——电容；

　　　　I_0——电流峰值；

　　　　ω——固有角频率；

　　　　t——时间。

所以可以进一步推导出：

$$W = W_C + W_L = \frac{1}{2}CU_C^2(t) + \frac{1}{2}LI^2(t)$$

$$= \frac{1}{2}I_0^2\left[L\cos^2(\omega t) + \frac{\sin^2(\omega t)}{\omega^2 C}\right] = \frac{1}{2}I_0^2 L\left[\cos^2(\omega t) + \sin^2(\omega t)\right] = \frac{1}{2}I_0^2 L$$

$$(4-20)$$

式中　W——总电磁能量；

　　　W_C——串联谐振电路电容中的电磁能量；

　　　W_L——串联谐振电路电感中的电磁能量；

　　　C——电容；

　　　U_C——电容两端电压；

　　　L——电感；

　　　I——电感中电流；

　　　t——时间；

　　　I_0——电流峰值；

　　　ω——固有角频率。

式（4-20）成立的条件是：

$$\omega L = \frac{1}{\omega C}$$

可见，对于串联谐振电路，电感和电容能量不断相互传递，总量守恒。

将一个周期内电感和电容以及电路电阻的各种损耗等效为有功电阻 R，则一个周期内损耗的能量为：

$$W_R = I^2 RT \qquad (4-21)$$

从能量角度分析，谐振电路的品质因数 Q 等于谐振电路中储存的总能量与每个周期内消耗能量之比的 2π 倍，即：

$$Q = \frac{2\pi W}{W_R} \qquad (4-22)$$

式中　W——谐振电路中电容和电感总的储存能量；

　　　W_R——一个周期内损耗的能量。

从式（4-22）可以看出，品质因数实质上是衡量谐振电路储能与耗能相对大小的一个重要参数。如果在相同的条件下，减小回路的电阻值，Q 值必然增大，同时，谐振电路的损耗也会相对减少，谐振电路储能的效率则相对提高。可见，电磁谐振式无线供电系统工作在电路的谐振频率上时，谐振电路进入谐振振荡状态。此时，外电路只需输入有功功率以补偿 W_R 的消耗即可。

线圈的品质因数越大，能量的传输效率就越高。对于谐振电路，响应曲线的尖锐程度由在一个完整周期内所能存储的最大能量和它消耗的能量之比决定。在这个意义上来说，对于电磁谐振式无线供电系统，Q 值越大，响应曲线越尖锐，能量越集中，能量的传输效率就越高；Q 值越小，谐振频率越平坦，在频域上能量就趋向于发散。从能量传输的角度上讲，希望初级电路本身的工作频率能在谐振频率点上，达到最大的传输效率。

为了提高发送和接收的选择性，应尽量提高初、次级电路的品质因数。考虑到电路中元件的寄生参数，为了提高无线供电系统电路的品质因数，具体的措施有：

（1）提高初、次级线圈的品质因数。

（2）采用低损耗的电容器，减少其他损耗。

（3）减少耦合电阻的影响。

（4）电感 L 和电容 C 构成的谐振电路本身的品质因数 Q 值尽量高。

4.1.3.1　电磁谐振式无线供电系统线圈的品质因数分析

高频谐振电路中线圈导线的电阻、电容形成的漏电阻等可以忽略不计，因此，电路的 Q 值大小就取决于线圈的品质因数的大小。为了得到较大的传输效率，在设计电磁谐振式无线供电系统时，必须将 Q 值尽可能增大，这需要通过优化选择合适的线圈拓扑形式。

对于电磁谐振式无线供电系统的初、次级线圈，其电感 L、等效电阻 R 以及自身的固定谐振角频率 ω 是最重要的参数。当线圈的大小指定时，电感 L 的大小受线圈的匝数 N、线圈的外形、通过的工作电流的频率 f 的影响。

20℃ 下，铜的电阻系数 $\rho_{20} = 1.76 \times 10^{-8} \Omega \cdot m$，温度为 T 铜导线的电阻系数计算公式为：

$$\rho_{T} = \rho_{20} \times \frac{234.5 + T}{234.5 + 20}$$

可知温度越高，铜导线的电阻系数也就越高。

串联谐振时电路的品质因数 Q 定义为：

$$Q = \frac{\omega L}{R} \tag{4-23}$$

式中　Q——品质因数；

　　　ω——固有角频率；

　　　L——绕组电感；

　　　R——绕组电阻。

由式（4-23）可知，线圈的电感 L 值升高，相应地 Q 值会增大。线圈的电感 L 的计算公式为：

$$L = \mu_0 r N^2 \left(\ln \frac{8r}{a} - 1.75 \right)$$

式中 L——绕组电感;

μ_0——真空磁导率;

r——圆形绕组半径;

N——绕组匝数;

a——绕组线径。

于是，式 (4-23) 可以进行如下推导:

$$Q = \frac{\omega L}{R} = \frac{\mu_0 r\omega N^2 \left(\ln\frac{8r}{a} - 1.75\right)}{\frac{\rho l}{S}} = \frac{\mu_0 r\omega N^2 \left(\ln\frac{8r}{a} - 1.75\right)}{\frac{2\pi r\rho N}{\pi a^2}} = \frac{\mu_0 \omega a^2 N \left(\ln\frac{8r}{a} - 1.75\right)}{2\rho}$$

$$(4-24)$$

式中 Q——品质因数;

ω——固有角频率;

L——绕组电感;

R——绕组电阻;

μ_0——真空磁导率;

r——圆形绕组半径;

N——绕组匝数;

a——绕组线径;

ρ——电阻系数;

l——导线长度;

S——导线截面积。

由式 (4-24) 可知，串联谐振时，增大线圈的半径和匝数能够获得较大的 Q 值，但是这样做又会增大线圈的体积。

并联谐振时，电路的品质因数 Q 定义为:

$$Q = \omega CR \qquad (4-25)$$

式中 Q——品质因数;

ω——固有角频率;

C——电容;

R——绕组电阻。

由式 (4-25) 可知，当谐振频率确定时，谐振电容也就确定了，于是并联谐振电路的品质因数就只和并入电路的电阻值有关了。

4.1.3.2 电磁谐振式无线供电系统品质因数的优化分析

由前面的分析可以知道，较大的 Q 值能提高系统的传输效率，但是应该看到，较大的 Q 值也会带来许多新的问题。因为从构成谐振电路的器件来说，较大的 Q 值意味着需要感抗或容抗取比较大的值，即需要采用较大的电感和较小的电容。

如果想要获得较大的电感，就需要增大线圈的匝数和线圈的半径，这样就会增加线圈所占的体积，体积的增大必然导致寄生参数的增加和成本的增大，同时，电感的增大会导致电感辐射的磁场的劣化，自身的漏感也将无法控制，所以无限地提高电感值是不现实的。电容选得很小时，电容的寿命将会迅速降低。而对于开关电源电路，电容的寿命往往就是整个系统寿命的瓶颈。

品质因数与谐振电路的频率选择性和通频带宽有密切的关系，图 4-8 所示为通频带宽对电流的选择性。由图 4-8 可知，稍有偏离，谐振频率的信号就会大大减弱。图 4-9 所示为 Q 值与谐振曲线的关系，Q 值越大，谐振曲线越尖锐，电路选择性越好，抑制干扰信号的能力也越强。因此，从选择性角度分析，希望 Q 值越大越好。

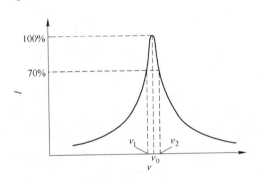

图 4-8　通频带宽对电流的选择性
ν_1—下限截止频率；ν_2—上限截止频率；
ν_0—中心频率；ν—频率；I—电流

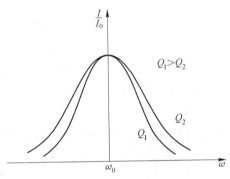

图 4-9　Q 值与谐振曲线的关系
I—电流；I_0—谐振时的电流；Q—品质因数；
ω—固有角频率；ω_0—固有谐振角频率

如图 4-8 所示，定义谐振曲线峰值两侧最大值的 70% 处频率之间的宽度为通频带宽度，大小为两边缘频率之差 $\Delta\nu = |\nu_2 - \nu_1|$。可以得到：

$$\frac{\Delta\nu}{\nu_0} = \frac{\Delta\omega}{\omega_0} = \frac{1}{Q} \tag{4-26}$$

式中　$\Delta\nu$——边缘频率之差；

　　　ν_0——中心频率；

　　　Q——品质因数；

　　　$\Delta\omega$——边缘角频率之差；

　　　ω_0——固有谐振角频率。

可知，通频带宽度反比于谐振电路的 Q 值。Q 越大，能量就越集中，频率的选择性就越强。此时，较小的频率偏移量就会造成传输效率的迅速降低。因此，维持较高的 Q 值会使系统对于参数的变化过于敏感，电路调谐变得困难。当频率点发生变化时，较小的 Q 值意味着谐振频率尖峰较为平缓，对频率点的漂移不敏感，鲁棒性较好。

进一步得到对于信号传输，传输带宽 $B = \dfrac{f_0}{Q}$，Q 的增大将使带宽减小，带宽的减小意味着系统信号传输更容易受到频率失配的影响。

综上所述，有必要在系统工作的实现性、成本和鲁棒性与较高的 Q 值之间选择一个合适的值，一般选择 Q 值刚刚大于所需值即可。

4.2 电磁谐振式无线供电系统研究

4.2.1 实验器件的选择

系统采用高频正弦交流电压源供电，电源电压调节范围为 $0 \sim 10\text{V}$，频率调节范围为 $0 \sim 10\text{MHz}$。

发射端和接收端的谐振电感是由铜芯漆包线绕制的紧密圆柱单层螺旋线圈。电感线圈的主要特性参数是电感量，由于电感线圈工作在高频情况下，因此不可避免地存在寄生参数，寄生参数主要包括分布电容和损耗电阻。其中，线圈的总损耗电阻包括直流电阻、高频电阻、介质损耗电阻等。高频电阻主要是由集肤效应引起的；介质损耗电阻指绝缘漆包线或丝包线、线圈骨架等绝缘物在高频下由于极化产生的损耗。此外，线圈的匝与匝之间、导线与绝缘介质之间能构成分布电容。

电容是电磁谐振式无线供电的重要元件。电容器的主要特性参数是电容量、工作电压、电容器的损耗、绝缘电阻和温度系数。由于电磁谐振式无线供电系统中的电容器工作在高频情况下，在这种情况下电容的工作稳定性会变差；另外，系统工作时会存在电压放大的情形，尤其是次级绕组的电压增益值会达到 10 以上，所以电容的耐压值也是必须考虑的因素。此外，电容器的引线和接头引起的电阻也会增大集肤效应。

薄膜电容器具有以下主要优点：

（1）无极性，绝缘阻抗很高。

（2）频率特性优异（频率响应宽广）。

（3）损耗因数小。

（4）高稳定性，高可靠性，温度系数小。

（5）可以承受较大的峰值电流和电流的有效值。

（6）价钱便宜，宜于大量使用做实验。

因此，选薄膜电容作为电磁谐振式无线供电系统的谐振电容。

在此需要提到的是，线圈的绕制存在着误差，实验环境中存在各种干扰因素，这会使初、次级线圈在各种参数相同的情况下而固有谐振频率存在较小的差异，为了消除这种差异，在初、次级线圈的谐振电容上分别并联一个可调电容，通过调节可调电容的大小可使初、次级线圈的固有谐振频率相同。实验中用的可调电容的调节范围是 $0 \sim 250 \mathrm{pF}$。

实验用的电压源为 SONY – Tektronix 公司的 AFG310 型信号发生器，示波器为泰克公司的 TDS2012B 数字示波器。为了验证电磁谐振式无线供电系统的性能，设计了表 4 – 1 所示的几组线圈。

表 4 – 1　电磁谐振式无线供电系统线圈的参数

编号	半径 r/mm	匝数 $N/$匝	导线截面半径 a/mm	理论电感 $L/\mathrm{\mu H}$	设定谐振频率 f/MHz	匹配电容 C/nF
1	$r_1 = r_2 = 65$	4	1	5.88	1	4.3
2	$r_1 = r_2 = 115$	4	1	11.48	1	2.2
3	$r_1 = r_2 = 115$	8	0.5	52.23	1	0.47
4	$r_1 = r_2 = 180$	4	1	19.98	1	1.26
5	$r_1 = r_2 = 500$	4	1	65.75	0.91	0.47

由于电磁谐振式无线供电系统的理论谐振频率和实际实验时的谐振频率总是有一定的差异，作者在进行电磁谐振式无线供电系统的实验研究时也发现了这个现象。图 4 – 10 所示为以表 4 – 1 中第 1 组、第 2 组、第 3 组线圈进行实验时得到的次级电压和系统工作频率之间的关系，实验中初级电压为 $U_1 = 10\mathrm{V}$，其中，第 1 组线圈实验时初、次级线圈之间的距离为 $d = 3\mathrm{cm}$，第 2 组线圈实验时初、次级线圈之间的距离为 $d = 10\mathrm{cm}$，第 3 组线圈实验时初、次级线圈之间的距离为 $d = 6\mathrm{cm}$。

从图 4 – 10 中可以看出，实际的谐振频率比理论的谐振频率总是大了大约 $0.25\mathrm{MHz}$，由于现有文献没有对此现象做出相应的解释。在此作者推测在高频条件下计算线圈电感的公式（4 – 3）需要进行修正，将式（4 – 3）修正为下式：

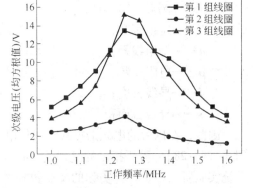

图 4 – 10　次级电压和系统工作频率之间的关系

$$L = \mu_0 r N^2 \left(\ln \frac{8r}{a} - 3.5 \right) \tag{4-27}$$

式中 μ_0——真空磁导率;

　　r——线圈半径;

　　N——线圈匝数;

　　a——导线截面半径。

　　用修正的电感计算公式(4-27)对表4-1中第1组、第2组、第3组线圈的理论谐振频率进行重新计算后分别为: 1.28MHz、1.23MHz、1.21MHz, 可以看出修正后的理论谐振频率和图4-10中的实际谐振频率是很接近的。修正后的理论谐振频率和实际谐振频率之间的差值最大为0.4MHz。

　　需要补充的一点是, 将电感计算公式修正成式(4-27)后, 式(4-23)也应该相应地修整成下式:

$$Q = \frac{\omega L}{R} = \frac{\mu_0 r \omega N^2 \left(\ln \frac{8r}{a} - 3.5 \right)}{\frac{\rho l}{S}} = \frac{\mu_0 r \omega N^2 \left(\ln \frac{8r}{a} - 3.5 \right)}{\frac{2\pi r \rho N}{\pi a^2}} = \frac{\mu_0 \omega a^2 N \left(\ln \frac{8r}{a} - 3.5 \right)}{2\rho}$$

$$\tag{4-28}$$

式中 Q——品质因数;

　　ω——固有角频率;

　　L——绕组电感;

　　R——绕组电阻;

　　μ_0——真空磁导率;

　　r——圆形绕组半径;

　　N——绕组匝数;

　　a——绕组线径;

　　ρ——电阻系数;

　　l——导线长度;

　　S——导线截面积。

　　因此, 在以后的电磁谐振式无线供电系统的实验研究中, 电感的计算公式都用式(4-28)。需要指出的是, 式(4-28)在作者进行的电磁谐振式无线供电系统实验研究中是符合实际的实验数据的, 但是在其他实验条件下式(4-27)是否适用还需要更多的研究才能确定。

4.2.2　电磁谐振式无线供电系统的实验研究

　　作者对电磁谐振式无线供电系统共进行了以下几个方面的实验研究:

第一项实验内容为初、次级线圈的相对位置改变对电磁谐振式无线供电系统传输性能的影响；

第二项实验内容为对多负载电磁谐振式无线供电系统进行研究；

第三项实验内容为初、次级线圈的半径相差大小对电磁谐振式无线供电系统的影响。

4.2.2.1 初、次级线圈相对位置改变时对系统传输性能的影响

A 传输距离 d 对电磁谐振式无线供电系统传输性能的影响

传输距离是电磁谐振式无线供电系统的重要性能指标，因此，在此也要对传输距离对系统传输性能的影响进行研究。选表 4 – 1 中第 2 组、第 3 组、第 5 组线圈进行实验，实验中初级端的输入电压 $U_1 = 10V$，实验的结果如图 4 – 11 所示。从图 4 – 11 可以看出，随着传输距离的增大，次级端的输出电压会显著下降，当传输距离较大时，次级端的输出电压就稳定在一个较小的值，这表明和电磁感应式无线供电系统一样，传输距离的增大会显著降低电磁谐振式无线供电系统的传输性能，但是应该注意到，电磁谐振式无线供电系统的传输距离比电磁感应式无线供电系统的传输距离大得多。

将图 4 – 11 中第 2 组、第 3 组线圈的实验数据进行比较，可以看出第 3 组线圈的传输性能较好，这表明初、次级线圈的匝数越多，系统的传输距离就越大。将第 2 组、第 5 组线圈的实验数据进行比较，可以看出第 5 组线圈的传输性能比第 2 组线圈的传输性能好得多，这说明实验线圈的半径对传输距离有很大的影响，初、次级线圈半径越大，传输性能越好。

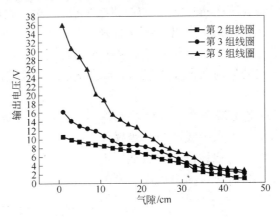

图 4 – 11 传输距离对电磁谐振式无线供电系统输出电压的影响

在使用第 2 组线圈进行实验时，初、次级线圈之间的传输距离为 40cm 左右时能点亮功率为 3W 的灯泡，当使用第 5 组线圈进行实验时，将功率为 3W 的灯

泡点亮的距离能增大到 110cm 左右。所以初、次级线圈半径增大对系统传输性能的提高十分明显。

B 中心偏移量 Δ 对电磁谐振式无线供电系统传输性能的影响

选择表 4-1 中第 2 组线圈进行该项实验。其中，图 4-12（a）中的实验条件为初级输入电压为 $U_1 = 8V$，初、次级线圈之间的传输距离为 $d = 10cm$，负载灯泡的额定功率为 3W；图 4-12（b）中的实验条件为初级输入电压为 $U_1 = 10V$，初、次级线圈之间的传输距离为 $d = 5cm$，没有负载。

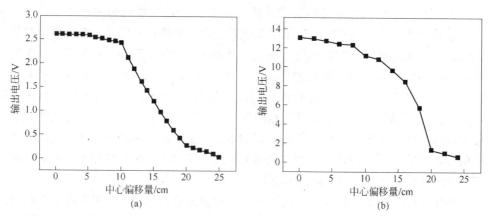

图 4-12 中心偏移量对电磁谐振式无线供电系统输出电压的影响

从图 4-12 中可以看出，在中心偏移量较小时，次级端输出电压的变化很小，而当中心偏移量 Δ 增大到一定值时（实验中为初级线圈的圆心附近，即 $\Delta \approx r_1$，其中，Δ 为中心偏移量；r_1 为初级绕组半径），次级端的输出电压会显著下降，这表明磁通主要集中在以初级线圈圆心为轴心的圆柱体空间内，这和电磁感应式无线供电系统中中心偏移量对系统传输性能的影响是不同的。当中心偏移量增大到较大的值时（实验中为 20cm 左右），次级端的输出电压就趋于 0。

C 偏转角 α 对电磁谐振式无线供电系统传输性能的影响

如图 4-13 所示，当次级线圈与初级线圈之间存在偏转角 α 时，次级线圈在初级线圈上的投影为一个椭圆，椭圆的长轴为次级线圈的半径 r_2，短轴的长度 $r_{2\alpha} = r_2 \cos\alpha$，于是可以得到次级线圈的有效半径 r_2' 为：

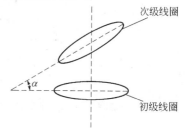

$$r_2' = \sqrt{r_2 r_{2\alpha}} = \sqrt{r_2 r_2 \cos\alpha} = r_2 \sqrt{\cos\alpha}$$

$$(4-29)$$

所以次级线圈在初级线圈上的投影面积会

图 4-13 初、次级线圈间有
偏转角的位置示意图

随之减少，相应地穿过次级线圈的磁通量也会减小，于是由功率源经初级线圈通过电磁耦合传输到次级线圈的能量也相应地减少。所以，从理论上讲，初、次级线圈相对位置存在偏转角时会造成漏感的增加，能量损耗增大。因此，从理论上讲，初、次级线圈之间的相对位置存在的偏转角越小越好。

选择表 4 – 1 中第 2 组线圈进行该项实验，实验时初级输入电压为 $U_1 = 10V$，初、次级线圈之间的传输距离为 $d = 12cm$，实验结果如图 4 – 14 所示。

由图 4 – 14 可知，随着偏转角的增大，次级输出电压值略有增大，具体原因在第 3 章偏转角对电磁感应式无线供电系统互感的影响中已经分析过。只有当偏转角增大到接近 90°时，次级输出电压才会急剧下降，这表明电磁谐振式无线供电系统受偏转角的影响很小，能量的集中度比较高。

4.2.2.2 多负载电磁谐振式无线供电技术

进行多负载实验的意义在于，通过一个初级线圈同时给多个负载供电，减少了初级线圈的个数，从应用的角度出发，这样能降低系统的成本。本小节将进行三个负载的实验。

取表 4 – 1 中第 5 组线圈中的一个作为初级线圈，初级端的输入电压为 $U_1 = 10V$；从表 4 – 1 的第 1 组、第 2 组、第 4 组线圈中各取一个线圈作为次级线圈。通过改变各个负载线圈和初级线圈之间的距离得到图 4 – 15 所示的实验结果。

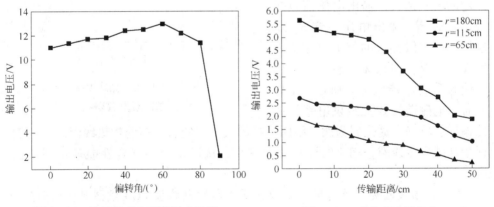

图 4 – 14　偏转角对电磁谐振式无线　　　图 4 – 15　多负载实验各个
　　供电系统输出电压的影响　　　　　　　负载端的输出电压

由图 4 – 15 可知，在只有一个初级线圈给多个负载同时供电时，负载线圈的半径越大，其输出电压也越大，所以在进行多负载研究时，负载线圈的半径应尽可能设计得大一些。和前面只有单个负载时的实验数据相比可知，多负载时各个负载线圈的输出电压值要比只有单个负载时的输出电压值小得多，这是因为在输入功率一定的情况下，多个负载同时分担固定的输入功率，各个负载线圈的输出电压就必定会小，相应地，传输距离也会随之减小。所以进行多负载电磁谐振式无线供电系统研究时，应尽可能使用较大的功率源。

4.2.2.3 初、次级线圈半径相差大小对电磁谐振式无线供电系统的影响

A 初、次级线圈都为普通线圈时的实验研究

由图4-6可知，初、次级绕组半径比λ越大，电磁谐振式无线供电系统的耦合性能就越好，本小节将通过实验验证该推论。

从表4-1的第2组、第5组线圈中各取一个线圈作为系统的初、次级线圈，进行如下两项实验：

（1）将大线圈作为初级线圈（λ=4.35），通过改变中心偏移量的值测量次级的输出电压值。

（2）将小线圈作为初级线圈（λ=0.23），通过改变中心偏移量的值测量次级的输出电压值。

实验时，初级输入电压为U_1=10V，初、次级线圈之间的传输距离为d=10cm，实验结果如图4-16所示。

由图4-16可知，中心偏移量一定时，λ越大，输出电压值也越大；相应地，输出电压一定时，λ越大，中心偏移量的值可以相应地增大，相反，如果λ比较小时，中心偏移量就不能太大。所以，λ较大时，电磁谐振式无线供电系统的

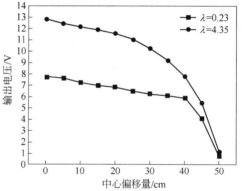

图4-16 λ对电磁谐振式无线供电
系统输出电压的影响

传输性能较好，这是因为次级线圈半径越大，就能有更多的初级线圈产生的磁通量穿越次级线圈，相应的漏感就会减少，从而系统的耦合性能就得到了提高。

B 初级线圈为普通线圈、次级线圈为印制电路板PCB线圈时的实验研究

从表4-1第1组、第2组、第4组线圈中各取一个线圈作为初级线圈，次级线圈为PCB线圈，线径为1mm，匝间距为1mm。圆形PCB线圈外径为17.6mm，内径为10.8mm，电感和电阻分别为191μH和0.88Ω。实验时初级输入电压为U_1=10V，通过改变初、次级线圈之间的距离得到图4-17的实验结果。由图4-17可知，当次级绕组为PCB线圈时，初级线圈的半径越小，系统的传输性能就越好。

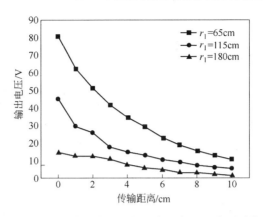

图 4 – 17 初级线圈为普通线圈、次级线圈为 PCB 线圈时的实验结果

4.3 双增强线圈电磁谐振式无线供电系统研究

传输距离是电磁谐振式无线供电系统的主要性能指标，由式（4 – 15）可知，传输效率和传输距离的 3 次方成反比，所以总是希望系统传输效率一定的情况下，传输距离越大越好，这样就可以更好地满足实际应用的需要。根据磁耦合谐振式无线能量传输机理，系统谐振频率是影响传输距离的最直接的因素，谐振频率越高，电流的变化率就越大，发射的磁场就越强，传输距离相应就越远。欲提高传输距离，需提高谐振频率。然而系统工作温度的变化和线圈绕制的误差等因素都会使谐振频率发生变化，从而影响到系统的传输距离。另一方面，如果将谐振频率值设计得过大，则会使系统的寄生参数增加，系统的无功功率增大，造成功率的浪费。

最近有文献介绍了一种基于耦合理论的医用植入式无线供电装置，这种装置的特点是线圈的半径大（$r = 176mm$），并且初、次级端都带有增强线圈。

增强线圈主要有以下两个作用：

（1）调整发射线圈两端电压波形。加入增强线圈后，在增强线圈两端能得到很好的正弦波电压波形，由于增强线圈距离初级线圈较近，可以认为发射电路和增强线圈是一个整体，称为带增强线圈的发射源，这样就得到了所期望的正弦波发射源。

（2）增强谐振电流。由于增强线圈是由铜线线圈和增强线圈的谐振电容组成的独立的 LC 谐振回路，而线圈的绕线电阻又很小，所以增强线圈具有很高的品质因数，谐振时，在其两端得到的电压总是大于初级线圈两端的电压，增强线圈中的电流也总是大于初级线圈中的电流，这增大了磁场作用的范围，从而增加了能量传输距离。

本节从分析增强线圈对传输距离的影响入手，对带两个增强线圈的电磁谐振式无线供电系统的传输效率进行研究。

4.3.1 双增强线圈电磁谐振式无线供电系统的传输效率

如图4-18所示，系统的增强线圈可以是一个，也可以是多个。加入增强线圈的目的是为了增加能量传输距离。发射线圈、增强线圈、接收线圈三者同轴，并且具有相同的谐振频率，发射线圈、增强线圈与接收线圈三者通过磁场耦合相互作用并进行能量传输，发射线圈与接收线圈之间的距离即为能量的传输距离。为了研究方便，本章将只对初、次级端各带有一个增强线圈的传输装置进行分析和研究。

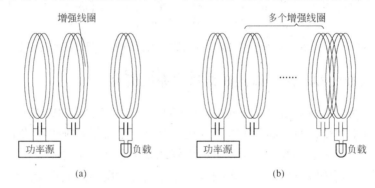

图4-18 增强线圈的分类

（a）带单个增强线圈的传输装置；（b）带多个增强线圈的传输装置

图4-19所示为带两个增强线圈的传输装置示意图，系统包括两个增强线圈（线圈2和线圈3）、发射线圈（线圈1）和接收线圈（线圈4）。线圈1和线圈4之间的距离 d 为带两个增强线圈的电磁谐振式无线供电系统的传输距离，其计算公式为：

$$d = d_{12} + d_{23} + d_{34} \tag{4-30}$$

式中 d_{12}——线圈1、2之间的距离；

$\qquad d_{23}$——线圈2、3之间的距离；

$\qquad d_{34}$——线圈3、4之间的距离。

图4-19所示的实验示意图是通过磁场耦合和谐振传输能量，其能量传输过程如图4-20所示。

如图4-20所示，首先，电源经过高频逆变驱动发射线圈谐振，将电源能量转换成谐振发射线圈中的电场能和磁场能，电场能量储存在电容中，磁场能量储存在线圈电感中，它们彼此相等，且呈周期性振荡。其次，发射线圈产生的磁场能量通过磁场耦合转换成增强线圈中的电场能量，增强线圈谐振，电场能量和磁场能量在增强线圈的电容和电感之间彼此交换。最后，增强线圈的磁场能量通过磁场耦合转换成接收线圈中的电场能量，接收线圈谐振，电场能量在接收线圈的

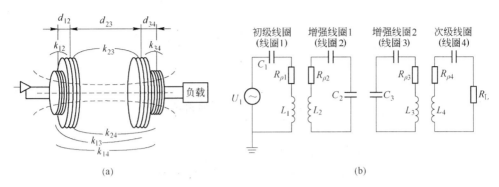

图 4-19 带两个增强线圈的电磁谐振式无线供电系统示意图

(a) 带两个增强线圈的结构图；(b) 电路模型图

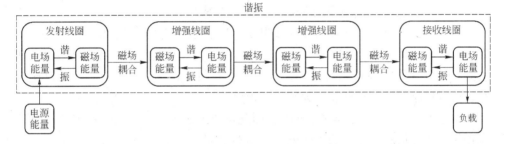

图 4-20 带两个增强线圈实验装置的能量传输示意图

电容和电感之间相互交换，电场能量供给负载消耗，由于三者谐振频率相同，产生谐振，将能量源源不断地从电源传输到负载。

由于电磁谐振式无线供电系统是松耦合的电能传输方式，因此这四个线圈之间的耦合系数很低，所以可以通过设计高品质因数的线圈来获得较大的传输效率。用本章对品质因数的分析理论对品质因数进行优化，并通过选择合适的电容就可以达到优化传输效率的目的。

各线圈之间的耦合系数在图 4-19 (a) 中已经标出，运用电路理论可以用如下公式来求得各个线圈中的电流值：

$$\begin{bmatrix} I_1 \\ I_2 \\ I_3 \\ I_4 \end{bmatrix} = \begin{bmatrix} Z_{11} & Z_{12} & Z_{13} & Z_{14} \\ Z_{21} & Z_{22} & Z_{23} & Z_{24} \\ Z_{31} & Z_{32} & Z_{33} & Z_{34} \\ Z_{41} & Z_{42} & Z_{43} & Z_{44} \end{bmatrix}^{-1} \begin{bmatrix} U_1 \\ 0 \\ 0 \\ 0 \end{bmatrix} \qquad (4-31)$$

式中　I_j——线圈 j 的电流，$j=1$，2，3，4；

　　　Z_{mn}——线圈 m 和线圈 n 之间的反映阻抗；

　　　U_1——输入电压。

式 (4-31) 中的反映阻抗 Z_{mn} 可以通过式 (4-32) 来求得：

$$Z_{mn} = Z_{nm} = \begin{cases} R_n + j\omega L_n + \dfrac{1}{j\omega C_n} & m \neq n(m = 1,2,3,4; n = 1,2,3,4) \\ j\omega M_{mn} & m = n \end{cases}$$

$$(4-32)$$

式中　Z_{mn}，Z_{nm}——线圈 m 和线圈 n 之间的反映阻抗；

　　　　R_n——线圈 n 的电阻；

　　　　j——虚数单位；

　　　　ω——固有频率；

　　　　L_n——线圈 n 的电感；

　　　　C_n——线圈 n 的补偿电容；

　　　　M_{mn}——线圈 m 和线圈 n 之间的互感。

　　在此将谐振电容和线圈都设计成串联。为了使系统能达到串联谐振状态，将四个线圈的谐振频率设计得一样大小，同时为了简化理论计算，特意将线圈 1 和线圈 4 的电感值设计得相对较小，这样耦合系数 k_{13}、k_{14}、k_{24} 的值就相对比较小，可以忽略不计。这样就大大简化了理论计算。

　　由于谐振状态下 $Z_{mn} = Z_{nm} = R_n$，因此可以通过式（4-31）和式（4-32）求得线圈 4 在谐振状态下的工作电流（负载电流）：

$$I_4 = \frac{k_{12}k_{23}k_{34}\sqrt{Q_1 Q_2}\sqrt{Q_2 Q_3}\sqrt{Q_3 Q_4}}{\sqrt{R_1 R_4}\left[(1 + k_{12}^2 Q_1 Q_2) + (1 + k_{34}^2 Q_3 Q_4) + k_{23}^2 Q_2 Q_3\right]} \qquad (4-33)$$

式中　I_4——负载电流；

　　　R_1——线圈 1 的电阻；

　　　R_4——线圈 4 的电阻；

　　　k_{mn}——线圈 m 和线圈 n 之间的耦合系数；

　　　Q_n——线圈 n 的品质因数。

　　于是可以推导出带两个增强线圈电磁谐振式无线供电系统的传输效率 η 表达式为：

$$\eta = \frac{(k_{12}^2 Q_1 Q_2)(k_{23}^2 Q_2 Q_3)(k_{34}^2 Q_3 Q_4)}{\left[(1 + k_{12}^2 Q_1 Q_2) + (1 + k_{34}^2 Q_3 Q_4) + k_{23}^2 Q_2 Q_3\right](1 + k_{23}^2 Q_2 Q_3 + k_{34}^2 Q_3 Q_4)}$$

$$(4-34)$$

　　在此引入优值系数 FOM（figure of merit）的概念，它可以简单地表征系统的耦合能力。其值越大，表明系统的耦合性能越好。其计算公式为：

$$FOM = 1 - \frac{1 - \ln Q_2}{Q_2} \qquad (4-35)$$

　　由式（4-35）可知，优值系数 FOM 只和品质因数 Q_2 有关，要想获得较大的优值系数，Q_2 就应该设计得大些。图 4-21 所示为不同 Q_2 时系统传输效率与传输距离之间的关系示意图。由图 4-21 可知，相同的传输距离条件下，品质因数 Q_2 较大时，系统的传输效率更高。不同的 Q_2 在传输距离增大到一定程度的时候，传输效率都趋近于 0。

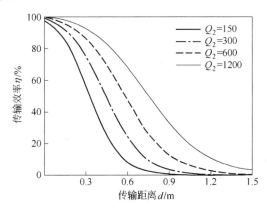

图 4-21　不同 Q_2 时系统传输效率与传输距离之间的关系

由式（4-34）可知，当四个线圈的品质因数都确定以后，传输效率就只和耦合系数 k_{12}、k_{34}、k_{23} 有关了。下面就分别对这三个耦合系数进行计算，对这三个参数的计算结果都是以系统工作在谐振状态为前提。

4.3.1.1　k_{23} 的计算

式（4-34）中 k_{23} 是随传输距离变化的变量，可以通过下面的经验公式求得：

$$k_{23} = 0.8043 \left(\frac{\sqrt{r_2 r_3}}{d_{23}} \right)^3 \qquad (4-36)$$

式中　k_{23}——线圈 2 和线圈 3 之间的耦合系数；

　　　　d_{23}——线圈 2 和线圈 3 之间的距离；

　　　　r_2——线圈 2 的半径；

　　　　r_3——线圈 3 的半径。

在此定义 $\dfrac{d_{23}}{\sqrt{r_2 r_3}}$ 为归一化距离，式（4-36）的适用范围是归一化距离 $\dfrac{d_{23}}{\sqrt{r_2 r_3}} > 1$，对于归一化距离 $\dfrac{d_{23}}{\sqrt{r_2 r_3}} < 1$ 时耦合系数的求法将在下面详细介绍。

图 4-22 所示为耦合系数 k_{23} 和传输距离之间的关系图，耦合系数 k_{23} 是随传输距离增大而减小的。

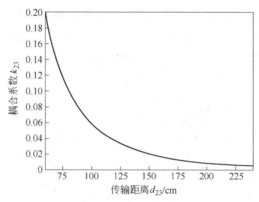

图 4-22 耦合系数 k_{23} 和传输距离 d_{23} 之间的关系

4.3.1.2 k_{12} 和 k_{34} 的计算

在带有增强线圈的电磁谐振式无线供电系统中，理论上要求距离 d_{12} 和 d_{34} 比较小，即归一化距离 $\dfrac{d_{12}}{\sqrt{r_1 r_2}}$ 和 $\dfrac{d_{34}}{\sqrt{r_3 r_4}}$ 都小于 1，此时的耦合系数计算没有一个有效的经验公式，所以需要推导。

线圈 1 和线圈 2 之间的耦合系数为：

$$k_{12} = \frac{M}{\sqrt{L_1 L_2}}$$

式中 k_{12}——线圈 1 和线圈 2 之间的耦合系数；

M——互感；

L_1——线圈 1 的电感；

L_2——线圈 2 的电感。

于是将式（4-15）和式（4-27）代入其中，可以得到：

$$k_{12} = \frac{\pi (r_1 r_2)^{\frac{3}{2}}}{2 d_{12}^3 \sqrt{N_1 N_2} \sqrt{\left(\ln \dfrac{8 r_1}{a_1} - 3.5 \right) \left(\ln \dfrac{8 r_2}{a_2} - 3.5 \right)}} \tag{4-37}$$

式中 k_{12}——线圈 1 和线圈 2 之间的耦合系数；

r_1——线圈 1 的半径；

r_2——线圈 2 的半径；

d_{12}——线圈 1 和线圈 2 之间的距离；

N_1——线圈 1 的匝数；

N_2——线圈 2 的匝数；

a_1——线圈 1 的线径；

a_2——线圈 2 的线径。

同理可以得到 k_{34} 的计算公式为：

$$k_{34} = \cfrac{\pi(r_3 r_4)^{\frac{3}{2}}}{2d_{34}^3 \sqrt{N_3 N_4} \sqrt{\left(\ln\cfrac{8r_3}{a_3} - 3.5\right)\left(\ln\cfrac{8r_4}{a_4} - 3.5\right)}} \tag{4-38}$$

4.3.2　双增强线圈电磁谐振式无线供电系统的最大有效传输距离

在电磁谐振式无线供电系统中，当系统的工作频率小于谐振频率时，发射线圈和接收线圈的工作电流是同相的；当系统的工作频率大于谐振频率时，则发射线圈和接收线圈的工作电流的相位相差 180°。这个频率点（即谐振频率）称为临界耦合点（critical coupling point），此时系统的总耦合系数称为临界耦合系数 $k_{critical}$。当 $k_{23} \geqslant k_{critical}$ 时，系统为过耦合（overcoupled）状态，此时系统在任一个距离都能达到谐振状态，因此传输效率能达到最大；相反地，如果 $k_{23} < k_{critical}$，系统为欠耦合（undercoupled）状态，此时系统的耦合能力会明显下降，传输效率会显著下降。

将线圈 1 和线圈 4、线圈 2 和线圈 3 的品质因数分别设计得相同（即 $Q_1 = Q_4$、$Q_2 = Q_3$），此时临界耦合系数 $k_{critical}$ 的计算公式为：

$$k_{critical} = \frac{1}{Q_2} + k_{12}Q_1 \tag{4-39}$$

式中　$k_{critical}$——临界耦合系数；

$\quad\quad Q_1$——线圈 1 的品质因数；

$\quad\quad Q_2$——线圈 2 的品质因数；

$\quad\quad k_{12}$——线圈 1 和线圈 2 之间的耦合系数。

当 $k_{23} > k_{critical}$ 时，系统才会工作在过耦合状态，且耦合系数是小于 1 的数，所以为了使系统能工作在过耦合状态，临界耦合系数就要求尽量小。由式（4-39）可知，为了使 $k_{critical}$ 的值更小，设计时可以让耦合系数 k_{12} 小一些，但是减小了 k_{12} 会使系统的耦合性能下降，因此为了减小 $k_{critical}$，可以使 Q_1 小一些、Q_2 大一些。

由于 $k_{23} \geqslant k_{critical}$ 时系统才处于过耦合状态，因此为了使系统工作在过耦合状态，必须求出临界耦合状态（$k_{23} = k_{critical}$）时的参数。将式（4-36）和式（4-37）代入式（4-39），于是可以推导出临界耦合状态时线圈 2、线圈 3 之间的最大传输距离为：

$$d_{23max} = \cfrac{0.93\sqrt{r_2 r_3}}{\left[\cfrac{1}{Q_2} + \cfrac{\pi Q_1(r_1 r_2)^{\frac{3}{2}}}{2d_{12}^3 \sqrt{N_1 N_2} \sqrt{\left(\ln\cfrac{8r_1}{a_1} - 3.5\right)\left(\ln\cfrac{8r_2}{a_2} - 3.5\right)}}\right]^{\frac{1}{3}}} \tag{4-40}$$

式中 $d_{23\max}$——线圈 2 和线圈 3 之间的最大传输距离；

Q_1——线圈 1 的品质因数；

Q_2——线圈 2 的品质因数；

d_{12}——线圈 1 和线圈 2 之间的距离；

r_1——线圈 1 的半径；

r_2——线圈 2 的半径；

r_3——线圈 3 的半径；

N_1——线圈 1 的匝数；

N_2——线圈 2 的匝数；

a_1——线圈 1 的线径；

a_2——线圈 2 的线径。

为了进一步得到 $d_{23\max}$ 与线圈的半径、截面半径和线圈匝数之间的关系，将式（4-28）代入式（4-40），得：

$$d_{23\max} = \frac{0.93\sqrt{r_2 r_3}}{\left[\dfrac{2\rho}{\mu_0 \omega a_2^2 N_2\left(\ln\dfrac{8r_2}{a_2} - 3.5\right)} + \dfrac{\pi\mu_0\omega a_1^2\sqrt{N_1}(r_1 r_2)^{\frac{3}{2}}\left(\ln\dfrac{8r_1}{a_1} - 3.5\right)}{4\rho d_{12}^3\sqrt{N_2}\sqrt{\left(\ln\dfrac{8r_1}{a_1} - 3.5\right)\left(\ln\dfrac{8r_2}{a_2} - 3.5\right)}}\right]^{\frac{1}{3}}}$$

$$(4-41)$$

式中 $d_{23\max}$——线圈 2 和线圈 3 之间的最大传输距离；

d_{12}——线圈 1 和线圈 2 之间的距离；

r_1——线圈 1 的半径；

r_2——线圈 2 的半径；

r_3——线圈 3 的半径；

N_1——线圈 1 的匝数；

N_2——线圈 2 的匝数；

a_1——线圈 1 的线径；

a_2——线圈 2 的线径；

μ_0——真空磁导率；

ω——固有角频率；

ρ——电阻系数。

式（4-41）中令 $\lambda = \dfrac{r_2}{r_1}$，对式（4-41）用 MATLAB 进行仿真，得到图 4-23。

由图 4 - 23 可知，增强线圈和初级线圈半径比 λ 越大，d_{23max} 的值也就越大，所以设计带增强线圈的电磁谐振式无线供电系统时，增强线圈的半径比初级线圈的半径大时，传输距离会更大。从图 4 - 23 还可发现，随着系统工作频率 f 的增大，d_{23max} 的值有略微减小的趋势，所以将带两个增强线圈的电磁谐振式无线供电系统的谐振频率设计为 1MHz 左右时，系统的传输性能并不是谐

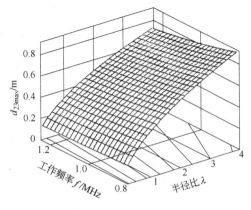

图 4 - 23　系统工作频率 f 和 λ 对 d_{23max} 的影响

振频率越大越好，这与没有增强线圈的电磁谐振式无线供电系统是不同的，具体原因还需要在以后的研究中加以分析和验证。

式（4 - 41）中，当 $N_1 = N_2 = N_3 = N_4$、$a_1 = a_2 = a_3 = a_4$、$r_1 = r_4 = r_2 = r_3$ 时，将常系数 μ_0、ρ 的数值代入式（4 - 41），得到简化后的 d_{23max} 表达式为：

$$d_{23max} = \frac{r_1}{\left[\dfrac{0.0348}{\omega a_1^2 N_2\left(\ln\dfrac{8r_1}{a_1} - 3.5\right)} + \dfrac{69.72\omega a_1^2 r_1^3}{d_{12}^3}\right]^{\frac{1}{3}}} \tag{4-42}$$

将式（4 - 41）代入式（4 - 30），可以得到带有两个增强线圈的电磁谐振式无线供电系统在临界耦合状态下的最大有效传输距离 d_{max} 的一般求解式为：

$$d_{max} = d_{23max} + d_{12} + d_{34}$$

$$= \frac{0.93\sqrt{r_2 r_3}}{\left[\dfrac{2\rho}{\mu_0\omega a_2^2 N_2\left(\ln\dfrac{8r_2}{a_2} - 3.5\right)} + \dfrac{\pi\mu_0\omega a_1^2\sqrt{N_1}(r_1 r_2)^{\frac{3}{2}}\left(\ln\dfrac{8r_1}{a_1} - 3.5\right)}{4\rho d_{12}^3\sqrt{N_2}\sqrt{\left(\ln\dfrac{8r_1}{a_1} - 3.5\right)\left(\ln\dfrac{8r_2}{a_2} - 3.5\right)}}\right]^{\frac{1}{3}}} + d_{12} + d_{34}$$

$$\tag{4-43}$$

在此提出了带两个增强线圈的电磁谐振式无线供电系统最大有效传输距离 d_{max} 的概念，最大有效传输距离是指在初、次级线圈和增强线圈的参数确定并且输入电压一定的情况下，次级输出电压值比较稳定时初、次级线圈之间的最大距离。从式（4 - 43）可以看出，d_{max} 与初次级线圈和增强线圈的参数有关，系统谐振频率的大小也影响 d_{max} 的值。当系统的功率传输距离小于最大有效传输距离（$d < d_{max}$）时，系统会始终处于谐振状态，传输效率会一直处于最佳状态，系统

的传输性能也很稳定；但是，当系统传输距离大于最大有效传输距离（$d > d_{max}$）时，系统传输性能就会显著下降。

4.3.3 双增强线圈电磁谐振式无线供电系统的实验研究

应用增强线圈时，无线供电装置所有线圈之间的相对位置要有一定的关系，改变任一线圈位置都会破坏这个谐振系统。合理设计可以有效地增大能量传输距离，但是这是以牺牲传输功率和效率为代价的。

为了验证前面的关于带两个增强线圈电磁谐振式无线供电系统的理论，本章设计了表 4 - 2 所示的初、次级线圈和增强线圈，系统的谐振频率为 $f = 1.17\text{MHz}$。

表 4 - 2 初次级线圈和增强线圈的参数

参　数	半径 r/mm	匝数 N/匝	导线截面半径 a/mm	理论电感 L/μH	匹配电容 C/nF	可调电容 C/pF	线圈品质因数 Q
初、次级线圈	$r_1 = r_4 = 115$	4	1	6.526	2.2	调节范围 0～250	$Q_1 = Q_4 = 555$
第 1 组增强线圈	$r_2 = r_3 = 65$	4	1	3.597	4.3		$Q_2 = Q_3 = 376$
第 2 组增强线圈	$r_2 = r_3 = 115$	4	1	6.526	2.2		$Q_2 = Q_3 = 555$
第 3 组增强线圈	$r_2 = r_3 = 180$	4	1	13.646	1.26		$Q_2 = Q_3 = 630$

共进行了以下四项实验：

第一项实验将有无增强线圈的电磁谐振式无线供电系统的传输性能进行了比较；

第二项实验验证了增强线圈 Q 值对电磁谐振式无线供电系统传输性能的影响；

第三项实验对增强线圈的最佳位置进行了研究；

第四项实验对带两个增强线圈的电磁谐振式无线供电系统的最大有效传输距离进行了研究。

4.3.3.1 有无增强线圈时输出电压的比较

选择表 4 - 2 中的初、次级线圈和第 2 组增强线圈进行空载实验，实验时初级输入电压 $U_1 = 10\text{V}$，系统的传输距离为线圈 1、线圈 4 之间的距离。实验结果如图 4 - 24 所示。

由图 4 - 24 可知，在传输距离由 20cm 增大到 50cm 时，没有增强线圈

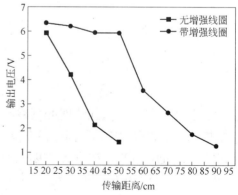

图 4 - 24　有无增强线圈时电磁谐振式
无线供电系统输出电压对比

的情况下，输出电压由 6V 急剧下降到了 1.4V；而在有增强线圈时，输出电压由
6.4V 下降到了 6.0V 左右，当传输距离增大到 90cm 时，输出电压才下降到 1.5V。
所以电磁谐振式无线供电系统带两个增强线圈时，相同的输入电压条件下，有增强
线圈的输出电压比没有增强线圈时的输出电压大，相应地，带增强线圈时系统的传
输距离也增大了很多。当输出电压一定时，带增强线圈的电磁谐振式无线供电系统
对输入电压的要求明显会低一些。输入电压一定时，随着传输距离的增大，带增强
线圈的电磁谐振式无线供电系统的输出电压下降的速度明显低于没有带增强线圈的
电磁谐振式无线供电系统。

4.3.3.2　增强线圈品质因数对传输性能的影响

选择表 4 - 2 中的初、次级线圈和第 1 组、第 2 组、第 3 组增强线圈分别进
行空载实验，实验时初级输入电压 $U_1 = 10V$。实验结果如图 4 - 25 所示。

由图 4 - 25 可以注意到，在传
输距离比较小时（本实验中传输距
离 $d < 35cm$），在输入电压一定的
情况下，不同的增强线圈对输出电
压的影响很小，当传输距离增大到
比较大的值时，不同的增强线圈对
电磁谐振式无线供电系统传输性能
的影响就比较明显了。由表 4 - 2 可
知，第 1 组增强线圈的品质因数 Q
值最小，第 3 组增强线圈的品质因
数 Q 值最大，从图 4 - 25 的实验结
果可以看出，增强线圈的品质因数

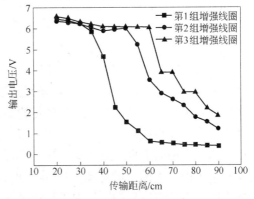

图 4 - 25　增强线圈 Q 值对电磁谐振式无
线供电系统输出电压的影响

Q 值越大，系统的传输性能就越好。由式（4 - 28）知道，在线圈匝数和导线线
径一定的情况下，增强线圈的半径越大，品质因数 Q 值就越大。所以在进行带
增强线圈的电磁谐振式无线供电系统设计时，应尽可能使增强线圈的半径大些。

4.3.3.3　增强线圈的最佳位置研究

当传输距离改变时，增强线圈的最佳位置也会发生改变。因此，在进行双
增强线圈的电磁谐振式无线供电实验时，先固定初、次级线圈之间的传输距
离，然后通过调节增强线圈和初、次级线圈之间的距离（从 0 开始逐渐增
大），使次级线圈的输出电压达到最大值，系统达到最佳谐振状态。每改变一
次初、次级线圈之间的传输距离，按照上面实验方法找到增强线圈的最佳位
置。表 4 - 3 是初、次级线圈之间的传输距离 d 不同时，增强线圈在最佳位置

时的 d_{12} 和 d_{34} 的值（最佳位置即次级线圈的输出电压达到最大值时初、次级线圈之间的距离），表中 3 组不同的增强线圈即表 4 - 2 中的 3 组增强线圈，实验中初级输入电压 $U_1 = 10\text{V}$。

表 4 - 3　增强线圈在不同传输距离时的最佳位置

传输距离	第 1 组增强线圈		第 2 组增强线圈		第 3 组增强线圈	
d/cm	d_{12}/cm	d_{34}/cm	d_{12}/cm	d_{34}/cm	d_{12}/cm	d_{34}/cm
20	2	8	5	8	1	11
30	6	14	5	6	1	12
40	9	16	5	9	1	16
50	10	14	5	13	1	17
60	11	15	5	14	5	19
70	10	16	5	16	5	25
80	9	17	5	16	5	34
90	12	17	5	17	5	25

从表 4 - 3 可以看出，在进行双增强线圈的电磁谐振式无线供电传输距离特性实验过程中，初、次级线圈之间的传输距离 d 逐渐增大时，d_{12} 和 d_{34} 并没有规律性地增大，而是在初、次线圈之间的某一位置时，谐振状态最好，次级线圈的电压最高。在用第 1 组、第 2 组、第 3 组增强线圈进行实验时，d_{34} 基本上是随着 d 的增大而增大的，但是 d_{12} 在 d 增大时没有进行规律性的变化，这个现象的具体原因还需要在以后的工作中进行详细的研究。

在调节增强线圈的位置使次级线圈电压达到最大值后，每改变一次增强器位置，谐振状态就会发生改变，次级线圈的电压就会下降。这是因为初级线圈产生的磁场作用的范围是有限的，与初级线圈越近，磁场越强，此时得到的次级线圈的电压也较大，随着增强线圈 1 与初级线圈之间的距离增大，增强线圈 1 的磁场与初级线圈之间的磁场耦合强度也在逐渐减弱，当增强线圈 1 和初级线圈之间的距离增大到次级线圈的电压不再增大时，说明此时增强线圈 1 的磁场和初级线圈之间的磁场作用达到最大。同理，增强线圈 2 的磁场与次级线圈磁场也是如此。

4.3.3.4　最大有效传输距离的研究

图 4 - 26 所示分别为表 4 - 2 中初、次级线圈与第 1 组、第 2 组、第 3 组增强线圈组合在输入电压不同时次级线圈的输出电压值。从图 4 - 26 可知，输出电压的值分别以传输距离 35cm（见图 4 - 26（a））、50cm（见图 4 - 26（b））和 60cm（见图 4 - 26（c））左右为临界点，这个临界点即为带两个增强线圈的电

磁谐振式无线供电系统的最大有效传输距离 d_{max}。当传输距离分别小于35cm、50cm和60cm时，输出电压的变化不是很明显；但是当传输距离分别大于35cm、50cm和60cm时，输出电压随传输距离的增大显著减小。

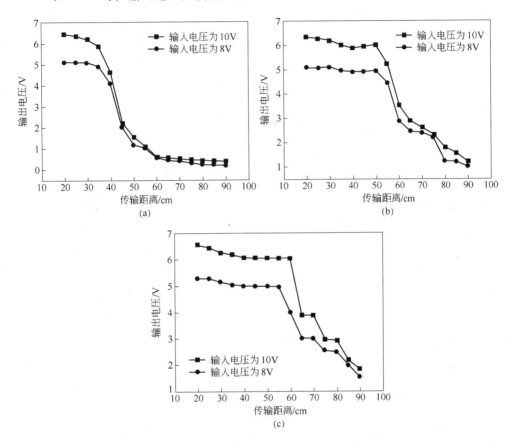

图4-26 初、次级线圈和不同增强线圈组合时的输出电压值

（a）初、次级线圈和第1组增强线圈组合时的输出电压；（b）初、次级线圈和第2组增强线圈组合时的输出电压；（c）初、次级线圈和第3组增强线圈组合时的输出电压

比较图4-26（a）、（b）、（c）可知，初、次级线圈的参数不变时，增强线圈的半径越大，最大有效传输距离的值也越大。输入电压值的变化对最大有效传输距离基本没有影响。传输距离的值小于最大有效传输距离的值时，系统的传输性能比较好，而且输出电压值也很稳定。

4.4 本章小结

谐振现象广泛地存在于自然界中，根据最大能量传输定理和谐振理论，当工作频率和系统（初级、次级电路）固有频率相同时，能够获得最大传输效能。

本章先对电磁谐振式无线供电系统传输性能指标（谐振频率、传输效率、品质因数）进行了详细的理论分析，并通过设计的电磁谐振式无线供电系统进行了实验研究。本章最后设计了双增强线圈电磁谐振式无线供电系统，对增强线圈在无线供电系统中的作用进行了实验研究和验证，并首次提出了双增强线圈电磁谐振式无线供电系统的最大有效传输距离的概念，设计的双增强线圈电磁谐振式无线供电系统的实验验证了最大有效传输距离的有效性。

5 小型化无线供电系统

无线供电系统需要向"短、小、轻、薄"的方向发展，小型化无线供电系统是基于这个发展趋势提出的新概念。小型化无线供电系统是基于平面变压器技术的无线供电方式，它将无线供电技术和平面变压器技术、平面磁集成技术和现代电子电力技术相结合。它除了具有一般无线供电技术的无接触无磨损、可靠性高、安全性好的特性外，还有体积小、能量密度大、电流通过性好、涡流损耗小、散热面积大等特点。小型化无线供电技术运用于实际生产中，与产品其他各部件一起进行整体规划设计，使产品空间紧凑，可减少材料消耗，特别适用于自动化安装，具有相当广阔的应用前景。

5.1 平面变压器技术和平面磁集成技术

平面变压器（planar transformer）技术是美国 IMB 公司在 20 世纪 80 年代初提出的，图 5-1 所示为平面变压器的结构图。这种结构虽然相对降低了磁芯截面和绕组窗口的利用率，但是大大增加了磁件的表面散热面积，提高了功率密度。

采用平面变压器技术和平面磁集成技术能实现磁性器件的"小、轻、薄"。近几年，随着软磁材料向着高频率、高磁导率、低损耗方向发展以及卡式化表面安装技术的发展，人们对平面变压器和平面磁集成技术的研究越来越重视。美国亚特兰大大学的 Jae. Park 研制出的小型平面变压器最小尺寸为 2.6mm×2.6mm×70μm。

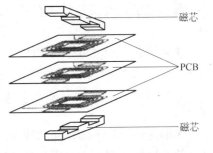

图 5-1 平面变压器的结构图

平面变压器是一种呈低高度扁平状或超薄型（low profile）的变压器，其绕组一般是由折叠式铜箔、印制电路板（PCB，printed circuit board）上的印制铜线或直接沉积于磁性薄膜上的铜线条构成，高度远小于传统变压器，是高频变压器的一种新型结构形式。作为一种超薄型变压器，平面变压器结构包括平面磁芯和平面绕组，其突出特点是体积小、效率高，因此，最适合的应用领域是空间存在限制或对节能及散热要求苛刻的地方。目前，典型的应用有便携式电子设备高密度电源、卡式 UPS 电源、通信领域的 AC/DC 前端和 DC/DC

转换等。

与传统变压器比较，平面变压器有以下特点：

（1）采用平面磁芯，由于窗口形状变为扁长形，降低了磁回路和电回路的利用率，所以热通道短，温升低。

（2）磁芯结构的平面化必然带来绕组结构的平面化，从而带动了对平面结构绕组的研究，PCB 板绕组容易实现任意绕制方式，可提高初、次级线圈的磁耦合系数，减少漏感和绕组涡流损耗，漏感小（<0.2%）。

（3）工作频率高（50kHz～2MHz），能量密度大（达到 100W/g），效率高（98%～99%），体积小，相当于传统变压器的 20%。

（4）平面变压器具有较大的散热面积，且使磁件热点到磁件表面的热阻降低，从而能改善热损散问题，能实现高磁通密度，减少在高频工作条件下由集肤效应（对于普通 PCB 铜箔，只有当通过电流频率高于 12MHz 时才需要考虑集肤效应，而目前绝大部分应用中工作频率都在 10MHz 以下）和邻近效应所引起的涡流损耗并有利于散热，并能采用紧密封装来实现高功率密度。

（5）回路绕组为结构固定、预先加工好的，所以参数重复性好。

将多个磁性元件（如变压器和电感或多个电感）集成在一个磁芯上，称为集成磁元件（intergrated magnetics，IM）。这样做的目的是可以减少转换器的体积，使各个磁性元件之间的接线最短，降低磁性元件的损耗。适用于低压、大电流的情况。20 世纪 70 年代末，Cuk 首先提出在有隔离的 Cuk 转换器中将输入电感、输出电感及变压器集成在一个磁芯上，早期称为耦合电感（coupled inductor）。

平面磁集成技术是将平面变压器和平面电感等平面磁性器件集成在一起。目前，磁性器件的高功率密度、高频化、集成规模化的研究已经受到广泛关注，美国加州理工大学对如何实现磁性器件集成技术做了大量的理论和实用研究。

平面磁集成技术的性能和许多因素有关，如绕组的结构和布局、绕组端部设计、绕组导体的宽度和厚度、磁芯材料、磁芯结构和几何尺寸，另外，还要考虑饱和非线性特性、直流励磁、局部磁滞回环、气隙影响和温度系数等。平面集成磁件的工作频率能达到兆赫兹以上。对平面集成磁件的设计应主要考虑以下几个问题：

（1）磁性材料及结构。集成磁件的磁性材料主要是软磁铁氧体，绕组结构的方向是单层或多层印制结构。

（2）对集成磁件损耗、发热、散热和温升的定量化和分析。

（3）电磁干扰（EMI）/电磁兼容（EMC）的定量化和分析。

（4）分布参数的计算和优化。

5.2 小型化无线供电系统传输性能指标

5.2.1 小型化无线供电技术的电感

初、次级PCB（即印制电路板）绕组间的耦合性能主要是受电流工作频率，即线圈对外交换辐射能量能力的影响。电感的大小反映了PCB绕组对外交换辐射能量的能力大小。由公式 $k = \dfrac{M}{\sqrt{L_1 L_2}}$（式中，$k$ 为耦合系数；M 为互感；L_1、L_2 分别为初、次级线圈的自感）可知，若想提高互感 M 的数值，可以提高初、次级线圈的电感系数。

初、次级绕组采用单线绕制圆形和矩形线圈时（见图5-2），能够获得较好的耦合性能。同时，印制电路板上的线圈集成为圆形或矩形，也有助于整个传输系统优化设计和安装。

圆形（环形）PCB线圈实际上是一个螺旋形线圈，如图5-3所示，它的电感 L（μH）的计算公式为：

$$L = \frac{(aN)^2}{8a + 11b} \tag{5-1}$$

$$a = \frac{r_i + r_o}{2}, \quad b = r_o - r_i$$

式中　N——线圈匝数；

　　　r_i——螺旋形线圈的外径，m；

　　　r_o——螺旋形线圈的内径，m。

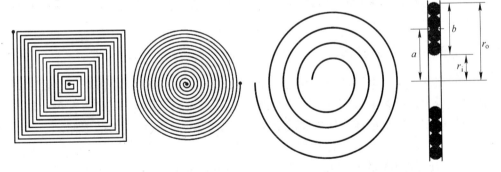

图5-2　矩形和圆形PCB线圈的绕制方式　　　　图5-3　螺旋形线圈

由式（5-1）可以看出，线圈几何半径越大，线圈的电感越大，而适当的减小圆环的宽度，有助于增加线圈的对外辐射交换。环形线圈设计时，应适当增加线圈的半径，减少圆环的宽度，使之在外形上接近单匝大线圈，能够在同种条件下得到较大的电感。

对于矩形平面 PCB 线圈，它的电感 L 的计算公式为：

$$L = \frac{\mu_0}{\pi} N^2 (b+c) \times \left[\ln \frac{2bc}{w} - \frac{c}{b+c} \ln(c + \sqrt{b^2 + c^2}) - \right.$$

$$\left. \frac{b}{b+c} \ln(b + \sqrt{b^2 + c^2}) + \frac{2\sqrt{b^2 + c^2}}{b+c} - \frac{1}{2} + 0.447 \frac{w}{b+c} \right] \tag{5-2}$$

式中　μ_0——真空磁导率；

　　　N——线圈的匝数；

　b，c——分别为矩形线圈的长和宽；

　　　w——矩形线圈截面的宽。

式（5-2）中假设矩形线圈截面的高约为 0，由式（5-2）可以看出：矩形线圈的长和宽对线圈电感的贡献相近，并且起了较大的作用，由于 b 和 c 都远远大于矩形线圈截面的宽 w，适当减小截面宽度，能够得到较大的电感。

5.2.2　小型化无线供电技术的损耗

小型化无线供电系统的损耗主要是磁芯损耗和绕组损耗。

5.2.2.1　磁芯损耗

小型化无线供电系统的磁芯损耗主要是磁滞损耗和涡流损耗。磁滞损耗是由磁材料的磁畴运动及摩擦导致的，其大小和频率成正比；而涡流损耗则是由交流磁场在磁芯中引起环流而导致的，其大小和频率的平方成正比。随着开关电源小型化和工作频率的提高，涡流损耗在总的磁芯损耗中所占的比例逐步增大并占支配地位。所以低涡流损耗对高频电源变压器尤为重要。磁芯损耗可以用经验公式（3-8）来计算。

5.2.2.2　绕组损耗

小型化无线供电系统中 PCB 绕组的导体常采用扁平状的铜导线，这样可以使电流沿导线的宽度方向分布，减小由集肤效应导致的损耗，同时也有利于减小系统的体积。绕组损耗包括集肤效应引起的损耗和邻近效应引起的损耗。

A　集肤效应引起的损耗分析

对于匝数为 N 的 PCB 绕组，其直流电阻 R_{dc} 为：

$$R_{dc} = \frac{2N(L + W_c + 2W_w)}{(W_w - 2d_w)h_w} \tag{5-3}$$

式中　N——线圈的匝数；

　　　L——绕组电感；

　　W_c——PCB 板与磁芯之间的磁阻；

W_w——磁芯与磁芯之间的磁阻；

d_w——PCB 绕组和磁芯之间的间隙；

h_w——铜导线的厚度。

由于集肤效应的存在，PCB 绕组的交流电阻 R_{ac} 会很大，可以用以下公式计算：

$$R_{ac} = F_r R_{dc} \tag{5-4}$$

式中 F_r——交流电阻和直流电阻之比，它与磁芯及 PCB 绕组的几何尺寸和排列方式有关。

F_r 的值为：

$$F_r = M + \frac{N^2 - D}{3} \times D \tag{5-5}$$

$$M = \Delta \times \frac{\sin(2h\Delta) - \sin(2\Delta)}{\cos(2h\Delta) - \cos(2\Delta)}$$

$$D = 2\Delta \times \frac{\sin(h\Delta) - \sin\Delta}{\cos(h\Delta) - \cos\Delta}$$

$$\Delta = \frac{t_w}{\delta}$$

$$\delta = \sqrt{\frac{2}{\mu_0 \omega \sigma}}$$

式中 δ——集肤深度；

t_w——铜导线的宽度；

h——铜导线的厚度；

σ——导线电导率；

μ_0——导线材料的磁导率；

ω——固有角频率。

在小型化无线供电系统中，流过 PCB 绕组的电流并非正弦波，而是含有高次谐波。所以小型化的电磁感应式无线供电系统中应先求得电流波形的谐波分量，然后再求各个电流谐波分量的绕组损耗。因此，PCB 绕组的集肤损耗 P_{skloss} 计算公式为：

$$P_{skloss} = \sum_{n=0}^{\infty} (R_{nac} I_n^2) \tag{5-6}$$

式中 R_{nac}——n 次谐波时 PCB 绕组的交流电阻；

I_n——n 次谐波分量的电流有效值。

B 邻近效应引起的损耗分析

对于小型化无线供电系统，计算集肤深度引起的系统损耗是不够的，特别是当使用多层绕组的时候，绕组的邻近效应影响会大大高于集肤效应，这就需要分析邻近效应引起的损耗。

由邻近效应引起的损耗 P_{prloss} 的计算公式为：

$$P_{\text{prloss}} = b_{\text{w}} \sum_{i=1}^{n} \left\{ l_i \frac{1}{h_i \sigma} H_i^2 \left[(1 + \alpha_i^2) G_1(\Delta) - 4\alpha_i G_2(\Delta) \right] \right\} \qquad (5-7)$$

$$H_i = \frac{N_i I_i}{b_{\text{w}}}$$

$$G_1(\Delta) = \Delta \times \frac{\sin(2h\Delta) + \sin(2\Delta)}{\cos(2h\Delta) - \cos(2\Delta)}$$

$$G_2(\Delta) = \Delta \times \frac{\sin(h\Delta)\cos\Delta - \cos(h\Delta)\sin\Delta}{\cos(2h\Delta) - \cos(2\Delta)}$$

$$\Delta = \frac{h_i}{\delta}$$

式中　b_{w}——铜导线的宽度；

　　　l_i——第 i 层线圈的长度；

　　　H_i——第 i 层线圈的磁场场强；

　　　h_i——第 i 层铜导线的厚度；

　　　σ——导线电导率；

　　　N_i——第 i 层线圈的匝数；

　　　I_i——第 i 层线圈的电流；

　　　δ——集肤深度；

　　　α_i——场强比值：

$$\alpha_1 = \frac{H_1}{H_2} = 0; \quad \alpha_2 = \frac{H_2}{H_3} = \frac{1}{2}; \quad \alpha_3 = \frac{H_3}{H_4} = \frac{2}{3}; \quad \alpha_4 = \frac{H_4}{H_5} = \frac{3}{4}; \quad \alpha_5 = \frac{H_5}{H_6} = \frac{4}{5} \cdots$$

多层 PCB 绕组结构情况下，邻近效应的影响比集肤效应的影响要大得多。所以设计时应尽量避免多层结构，否则就要慎重考虑和详细计算邻近效应的影响。

5.2.3　小型化无线供电技术的漏感

由于初级 PCB 绕组产生的磁通不可能全部穿越次级 PCB 绕组，因此系统会产生漏感。以圆形 PCB 绕组为例，假设铜导线宽度为 b_{w}，绕组半径为 r，根据参考文献 [62]，漏感 L_{leakage} 的计算公式为：

$$L_{\text{leakage}} = \frac{\pi \mu_0}{3} \left(\frac{2r}{b_{\text{w}}} + 1 \right) N_1^2 (h_1 + 3d + h_2) \qquad (5-8)$$

式中　μ_0——真空磁导率；

　　　r——绕组半径；

b_w——铜导线宽度；

N_1——初级绕组匝数；

d——绕组线径；

h_1，h_2——分别为初、次级 PCB 绕组的窗口高度。

由式（5-8）可知，漏感和初级绕组的匝数平方成正比，磁芯直径和铜导线宽度之比越大，则漏感越大。

对于小型化无线供电系统，减小漏感的方法主要有以下几种：

（1）在体积允许的情况下增大磁芯截面积以减小绕组匝数，这是因为系统漏感和绕组匝数的平方成正比。

（2）采用平面变压器结构。

（3）降低初、次级绕组的绝缘层厚度。

（4）增加绕组高度。

（5）初、次级绕组交错绕制。

其中，第（1）种方法理论上最有效。

5.3 小型化无线供电系统

5.3.1 系统结构

小型化无线供电系统由交流电源、初次级补偿电路、非接触变压器和负载组成。图 5-4 所示为小型化无线供电系统的结构图。

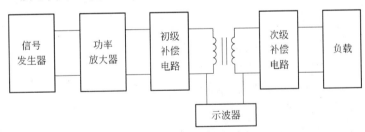

图 5-4 小型化无线供电系统的结构图

为了便于研究和简化实验，小型化无线供电系统的初级变换（逆变）电路由功率因数更好的正弦交流电压源替代。正弦波电压源由 SONY-Tektronix 公司 AFG310 型信号发生器和扬州无线电二厂生产的 YE2706A 型功率放大器组成，可以输出 0.01~20kHz 的正弦交流电压波形，电源电压可在 0~20V 范围内调节。

小型化无线供电系统的平面变压器为专门设计制造，包括可拆装的磁芯和一组圆环形的 PCB 空心线圈，负载为纯电阻，分别取值 2.5Ω、5.5Ω、10.5Ω。

实验采用万用表和示波器进行测量，万用表为 FUKE 的 DT9205 型，示波器为泰克公司的 TDS2012B 数字示波器。

5.3.2　系统的感应线圈

感应线圈是小型化无线供电系统的核心。感应线圈包括一对可拆装的磁芯和一组圆环形的 PCB 空心线圈。

根据绝缘导线所要求通过的总电流，当总电流为 10A 以下时，导线 1mm² 的截面面积可通过 5A 电流。实际设计中，可以通过近 20A 电流，为安全起见，实验中采用了较为保守的 5A 作为最大设计通过电流。

为了简化实验，PCB 线圈设计为单层，线径为 1mm，匝间距为 1mm。圆形 PCB 线圈外径为 17.6mm，内径为 10.8mm。为了提高电流通过密度，对 PCB 线圈的铜箔进行了加厚处理，高度为 0.24mm。图 5 - 5 所示为圆形 PCB 线圈的实物图。用 TH2817 型 LCR 数字电桥测得高频（1MHz）时 PCB 线圈的电感和电阻分别为 191μH 和 0.88Ω。在初、次级 PCB 线圈上分别串联上一个 100pF 的补偿电容。

图 5 - 5　圆形 PCB 线圈的实物图

为减少能量损失，PCB 线圈被内置在软磁铁氧体的槽内。这种铁氧体材料在平行方向上对通过线圈的电流是一种电绝缘体，从而减少涡流电流损失，而对磁性是高渗透性的，可帮助捕捉耦合感应所需的电磁场。

磁芯采用北京七星飞行电子有限公司生产的 R2KB1 型软磁铁氧体磁芯，它具有线性度好、磁滞损耗小、稳定度高的特点。圆环形的 PCB 空心线圈对应的磁芯为罐状磁芯，规格为 MX - 2000GU48 × 30A。磁芯的实物图如图 5 - 6 所示。

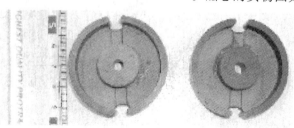

图 5 - 6　MX - 2000GU48 × 30A 型磁芯实物图

图 5-7 所示为小型化无线供电系统的实验系统实物图。

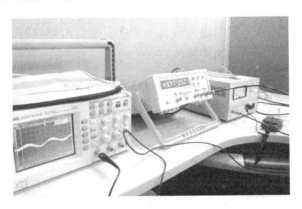

图 5-7 小型化无线供电系统的实验系统实物图

5.4 小型化无线供电技术两项实验

小型化无线供电技术共进行两个方面的实验:
第一项实验为低频条件下系统带负载的实验;
第二项实验为高频谐振条件下系统的带负载实验和空载实验。

5.4.1 低频负载实验

5.4.1.1 不同频率下次级电压与初级电压的关系

设定耦合环节的初、次级 PCB 线圈的间隙距离 $d = 1\text{cm}$,次级负载为 $R_L = 10.5\Omega$。信号发生器的频率分别调定为 500Hz、750Hz、1000Hz、1250Hz、1500Hz 时,将电压源的电压由 1V 增大到 8V,得到不同频率下次级电压与初级电压之间的关系。

图 5-8 所示为不同频率下次级电压与初级电压的关系。当在一定的频率下,随着初级供电电压的增大,次级感应电压也逐渐增大。这说明供电电压越大,次级线圈的输出电压越大,供给负载的电压也就越大。当供电电压相同时,随着初级电压的频率增大,次级感应电压也逐渐增大。这说明供电电压的频率越高,传输的效能也就越好,越

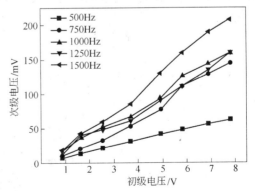

图 5-8 不同频率下次级电压与初级电压的关系

能满足次级端负载的需求。需要特别指出的是，次级输出电压在低频条件下比较小，都在毫伏级，这说明低频条件下系统的传输性能不是特别理想，系统的输出功率不能十分理想地满足实际用电设备的要求，所以需要进行更加深入的研究，以提高小型化电磁感应系统的传输性能。

5.4.1.2 不同频率下视在功率与初级电压的关系

在输出功率相同时，需要的初级电源容量较大，因而需要对初级输出的视在功率进行讨论。图 5-9 所示为不同频率下视在功率与初级电压的关系。随着初级电压的增大，视在功率也在增大，这是因为影响视在功率的输入电压和电流都在增大，所以视在功率变化的幅度比较大。但是随着频率的升高，视在功率却下降，这说明随着频率的变化，供电电源容量向反方向变化。

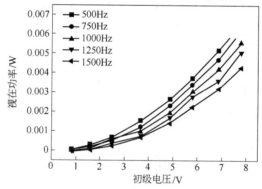

图 5-9 不同频率下视在功率与初级电压的关系

5.4.1.3 不同频率下传输效率与初级电压的关系

非接触电能传输系统的一个重要指标——传输效率与初级电压和频率的关系如图 5-10 所示。随着初级电压的增大，传输效率在下降，这与次级感应电压随

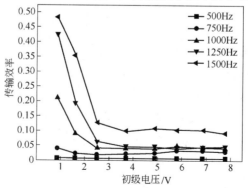

图 5-10 不同频率下传输效率与初级电压的关系

着初级电压的增大而增大相反，这说明传输效率和传输的电压不是同一变化方向，而是有一个交点，在满足次级电压的需求下，可使传输效率达到最大。

5.4.2 高频谐振空载实验和负载实验

由前面的分析可知，低频条件下小型化无线供电系统的传输性能不是很理想，所以本小节将重点讨论谐振条件下小型化无线供电系统的传输性能。

图 5-11 所示为供电源的频率对次级输出电压的影响。

实验中初、次级 PCB 线圈之间的距离为 $d = 1.5\text{cm}$，初级供电电压为 10V，系统为空载。由图 5-11 可知，次级电压的均方根值在频率为 957kHz 时达到最大值 112V，当系统的工作频率小于 957kHz 时，随着系统工作频率的增大，次级电压也随之增大；当系统的工作频率大于 957kHz 时，随着系统工作频率的增大，次级电压却随之减小。由此可以看出，前面设计的小型化无线供电系统的谐振频率为 957kHz，此时系统的传输性能是最佳的。

图 5-12 所示为小型化无线供电系统在谐振频率下传输距离对次级电压的影响。此时实验的供电频率为 957kHz，初级输入电压为 10V。从图 5-12 中可以看出，随着传输距离的增大，次级电压下降非常明显，当传输距离增大到 3cm 左右时，次级电压就下降到 0.5V 左右，距离继续增大时，次级电压的变化就不是非常明显了。这表明小型化无线供电系统的传输性能受传输距离的影响很大。

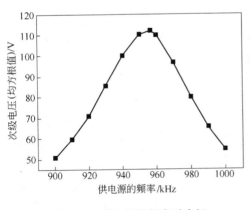

图 5-11　供电源的频率对次级
输出电压的影响

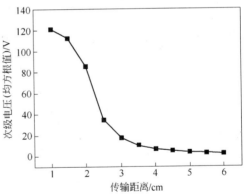

图 5-12　在谐振频率下传输距离
对次级电压的影响

5.5　本章小结

无线供电系统需要向"短、小、轻、薄"的方向发展，小型化无线供电技术是基于这个发展趋势提出的新概念。小型化无线供电系统的关键技术是如何将初、次级线圈设计在印制电路板上，在减小体积的同时不影响传输效能。本章证明提高印制电路板上的初、次级线圈的电感量可以得到较高的互感系数，有助于提高整个系统的传输效率。本章对小型化无线供电技术的工作原理和主要技术参数进行了概述，重点分析了它的重要技术基础：平面变压器技术和平面磁集成技术。对小型化无线供电系统的电感、损耗和漏感进行了详细的理论分析，在此基础上设计了一套小型化无线供电系统，首次在高频谐振条件下对小型化无线供电系统的传输性能进行了实验研究。实验结果表明，系统在高频谐振条件下的传输性能优化了很多。

由于篇幅的关系，本章没有对初、次级补偿电路进行讨论。对于传统的电磁感应式电能无线供电系统，对初、次级电路采用适当的补偿能够显著的提高传输效率。进一步的实验发现，将平面变压器技术引入后，电磁感应式无线供电系统的参数，如电感、分布电容对设计较传统方式更为敏感。此外，由于电阻较大，传统的补偿方式对系统传输效率的改进效果并不明显。如何对小型化无线供电技术进行有效的补偿以提高传输效率，将是进一步研究的内容。

6 基于无线供电技术的信号传输

对于无线供电系统，无论是通过非接触变压器进行上下行的信息交换，还是对电能传输系统进行反馈控制，都需要对感应式电能传输系统的能量传输性能进行研究。限于应用条件，无线供电的信号传输频率一般不是很高，它不适用于较长距离的传输，因此，无线供电系统的信号传输以近区场传输为主。以场源为中心，在一个波长范围内的区域，通常称为近区场，也可称为感应场。在近区场，电磁场功率密度 $S = \dfrac{E_1}{4\pi r^2}$，$E_1$ 为初级线圈的有效辐射功率。

无线供电系统的信号传输有两种：独立式和高频注入式。

设备之间的物理连接容易引起许多应用故障。本章的目的是利用无线供电技术，将信号和电能采用不同的传输频率，实现信号和电能的无接触传输。实验分别进行了基于电磁感应式无线供电技术和基于电磁谐振式无线供电技术的信号传输研究。

图 6-1 所示为信号传输环节的基本组成，可分为两个基本组成部分：信号发送部分和信号接收部分。信号发送部分首先把输入信号（基带信号）转换成频带信号（模拟信号），这其实是信号的调制过程，然后对调制后的信号进行功率放大，用来驱动发送线圈，产生高频交变磁场。信号接收部分的接收线圈在高频交变磁场中产生感应电压，此电压经过一定的放大并送入滤波器中，检出一定频率的频带信号后，最终经过解调电路，恢复成基带信号输出。

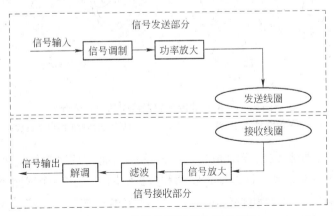

图 6-1 信号传输环节的基本组成

6.1 基于无线供电技术的独立式信号传输

6.1.1 基于电磁感应式无线供电技术的独立式信号传输研究

　　独立式信号传输系统的能量线圈和数据线圈独立放置，如图 6-2 所示。能量为初级端向次级端单向传输，信号通过信号线圈实现上下行双向传输。

　　对于初级端和次级端，它们的能量线圈和数据线圈放置排列的方式也有两种，分别是在初、次级线圈的同侧能量线圈和数据线圈相互垂直或相互平行放置，如图 6-3 所示。

　　对于相互垂直的情形，优点是在同一侧，能量线圈和数据线圈理想状态下不会发生耦合，互不影响。缺点是除了初次级能量线圈之间、初次级数据线圈之间的耦合，

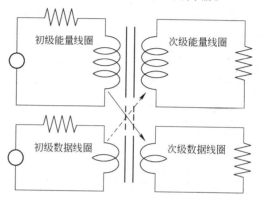

图 6-2　独立式信号传输示意图

初级能量线圈和次级数据线圈、初级数据线圈和次级能量线圈之间也存在耦合现象，形成 6 个耦合磁路，影响了能量和信号的传输。

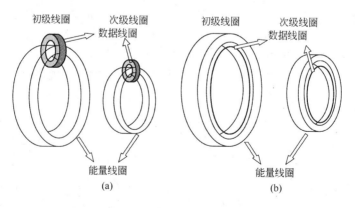

图 6-3　能量线圈和数据线圈的放置位置

（a）能量线圈和数据线圈垂直放置；（b）能量线圈和数据线圈平行放置

　　对于能量线圈和数据线圈相互平行的情形，优点是线圈结构平滑，便于安装。缺点在于：对于初、次级能量线圈和数据线圈，任意一个线圈都会与其他三个线圈发生耦合，能量线圈发出的能量会耦合在数据线圈上，造成大量的能量损耗，并严重干扰数据信号的传送与接收。

6.1.2 基于电磁谐振式无线供电技术的独立式信号传输研究

数据线圈和能量线圈的参数见表 6 - 1，实验中数据线圈和能量线圈采用平行放置的方式。实验中能量信号的电压为 10V，数据线圈的电压为 5V，初、次级线圈之间的传输距离为 10cm。

表 6 - 1　数据线圈和能量线圈的参数

参　数	半径 r/mm	匝数 N/匝	导线截面 半径 a/mm	理论电感 L/μH	设定谐振 频率 f/MHz	匹配电容 C/nF
数据线圈	$r_1 = r_2 = 65$	4	1	3.65	0.667	9.4
能量线圈	$r_1 = r_2 = 115$	4	1	8.49	1.17	2.2

图 6 - 4 所示为次级能量线圈在加入数据波形前后接收到的波形比较，实验中能量信号和数据信号的频率都设置成系统的谐振频率。比较图 6 - 4（a）、（b）可知，在系统加入数据波形后，次级能量线圈的波形变化不大，波形失真并不严重，次级能量波形受到数据信号的影响并不大，能量线圈和数据线圈形成的耦合磁路对能量信号的干扰不明显。

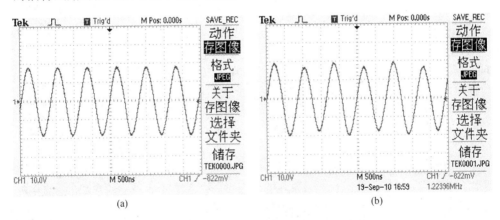

(a)　　　　　　　　　　　　　　　(b)

图 6 - 4　加入数据线圈后能量信号波形的比较

(a) 加入数据信号波形前；(b) 加入数据信号波形后

图 6 - 5 所示为能量信号和数据信号在谐振状态下同时传输时不同频率下次级数据线圈接收的波形，比较图 6 - 5（a）、（b）、（c）、（d）、（e）、（f）可知，数据信号的频率越接近信号线圈的谐振频率时，信号波形就越好，波形失真就越小。所以通过实验可知，在能量线圈和数据线圈都工作在谐振频率下时，能量线圈和数据线圈形成的耦合磁路对能量和数据的传输影响相对较少，能得到很好的同步传输效果。

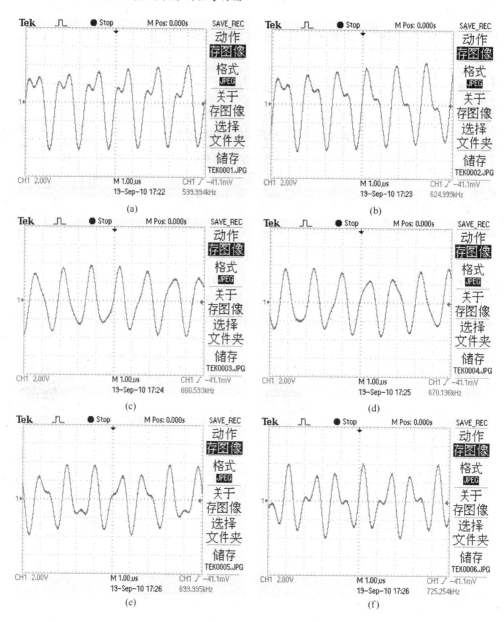

图 6-5 不同频率下次级数据线圈接收到的波形

(a) $f = 600\text{kHz}$; (b) $f = 625\text{kHz}$; (c) $f = 660\text{kHz}$;

(d) $f = 670\text{kHz}$; (e) $f = 700\text{kHz}$; (f) $f = 725\text{kHz}$

和基于电磁感应式无线供电系统的高频注入式信号传输实验相比较，基于电磁谐振式无线供电系统的独立式信号传输实验的效果更好，波形失真不是很严重。

6.2 基于无线供电技术的高频注入式信号传输

6.2.1 基于电磁感应式无线供电技术的高频注入式信号传输研究

高频注入式感应信号传输系统与独立式感应信号传输系统不同,能量和信号的传输采用同一磁路,利用相同的初、次级线圈进行工作。将高频的数据信号波加载在相对较低的工作频率的电能传输波形上形成的复合波,经初级线圈通过耦合磁路,经次级线圈到达次级电路,在次级端通过一个高频滤波电路将相对频率较高的数据信号检出。由于数据信息包含在信号波的频率和相位中,只要信号波在传输过程中损失的能量控制在一定范围内,都不会影响数据传输。为减少由于相位差的存在造成的数据信号波与能量波的抵消,工作时应使两波形的初始相位相同。假定开始工作时能量传输电压和数据传输电压初始相位角均为零。

设能量传输电压 U_p 表达式为:

$$U_p = U_{pmax}\sin(\omega_p t)$$

式中　U_{pmax}——能量传输电压的峰值;

　　　ω_p——能量传输系统的固有角频率;

　　　t——时间。

数据传输电压 U_d 表达式为:

$$U_d = U_{dmax}\sin(\omega_d t)$$

式中　U_{dmax}——数据传输电压的峰值;

　　　ω_d——数据传输系统的固有角频率;

　　　t——时间。

初级输入电压的复合波形电压表达式为:

$$U_1 = U_p + U_d = U_{pmax}\sin(\omega_p t) + U_{dmax}\sin(\omega_d t) \tag{6-1}$$

式中　U_p——能量传输电压;

　　　U_d——数据传输电压;

　U_{pmax}——能量传输电压的峰值;

　　　ω_p——能量传输系统的固有角频率;

　　　t——时间;

　U_{dmax}——数据传输电压的峰值;

　　　ω_d——数据传输系统的固有角频率。

为了方便从复合波中检出数据信号,对于注入式信号传输系统,能量传输频率与信号工作频率之比为(1:8)~(1:10),这里取信号频率为电能传输工作频率的 10 倍,即 $\omega_p : \omega_d = 1 : 10$,能量传输波形与数据传输波形电压之比为 10:1。

由电压增益的幅度公式(3-16)可知,在次级端,能量传输波形与数据传输波形电压幅度之比为：

$$\left| \frac{U_{Lp}}{U_{Ld}} \right| = \left| \frac{\dfrac{MR_L}{\sqrt{R_L^2 L_1^2 + \omega_p^2(L_1 L_2 - M^2)^2}}U_p}{\dfrac{MR_L}{\sqrt{R_L^2 L_1^2 + \omega_d^2(L_1 L_2 - M^2)^2}}U_d} \right| = \sqrt{\frac{R_L^2 L_1^2 + \omega_d^2(L_1 L_2 - M^2)^2}{R_L^2 L_1^2 + \omega_p^2(L_1 L_2 - M^2)^2}} \times \left| \frac{U_p}{U_d} \right|$$

$$(6-2)$$

式中　M——互感；

　　　R_L——负载电阻；

　　　L_1——初级绕组电感；

　　　L_2——次级绕组电感；

　　　U_p——能量传输电压；

　　　U_d——数据传输电压；

　　　ω_p——能量传输系统的固有角频率；

　　　ω_d——数据传输系统的固有角频率。

　　因为 ω_d 远大于 ω_p，通过感应式电能传输系统后，数据传输波形所受的影响较能量传输波形要小得多。

　　由电压增益的相角公式（3-17），又有 $\omega_p : \omega_d = 1 : 10$，对于初始角相等的能量传输波形与数据传输波形，比较它们的相位变化：

$$|\theta_d| = \left| -\arctan\left(\omega_d \frac{L_1 L_2 - M^2}{L_1 R_L} \right) \right| \tag{6-3}$$

$$|\theta_p| = \left| -\arctan\left(\omega_p \frac{L_1 L_2 - M^2}{L_1 R_L} \right) \right| \tag{6-4}$$

式中　M——互感；

　　　R_L——负载电阻；

　　　L_1——初级绕组电感；

　　　L_2——次级绕组电感；

　　　ω_p——能量传输系统的固有角频率；

　　　ω_d——数据传输系统的固有角频率。

　　当能量传输波形在一个周期完成时，能量传输波形与数据传输波形相位角差为零，数据传输波形比能量传输波形相位角偏差大得多。

　　取能量传输波电压幅值为 10V，工作频率为 100Hz。数据信号波电压幅值为 1V，工作频率为 1kHz。由式（6-1）可得初级输入电压为：

$$U_1 = U_p + U_d = 10 \times \sin(2\pi \times 100t) + 1 \times \sin(2\pi \times 1000t)$$

　　图 6-6 所示为能量传输波形与加入信号波后的复合波形的对比。图 6-6（a）所示为能量传输波形，图 6-6（b）所示为加入信号波后的复合波形。

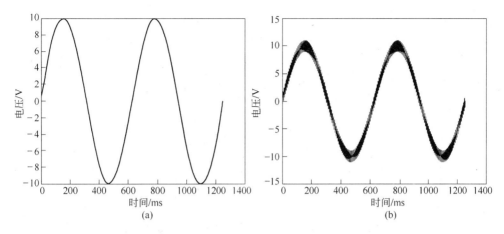

图 6-6 能量传输波形与加入信号波后的复合波形的对比

(a) 能量传输波形；(b) 加入信号波后的复合波形

6.2.2 基于电磁谐振式无线供电技术的高频注入式信号传输研究

高频注入式信号传输技术是将能量和信号的传输采用同一磁路，利用相同的初、次级线圈进行工作。将高频的数据信号波加载在相对较低的工作频率的电能传输波形上形成的复合波，将调制信号加载到电能发送线圈上，通过发送线圈将调制信号和电能同时发送出去，电能接收线圈接收电能，同时通过滤波等方法将信号载波提取出来，再经过解调等环节完成信号传输。该方法中载波信号易受到高频电能逆变器的干扰，信号解调部分需要做滤波等处理。

将实验的初、次级线圈设计成半径为 30mm、线径为 0.5mm 的圆形线圈，初、次级线圈之间的距离为 100mm。信号实验平台采用实验室研制的 DSP 高频信号注入硬件系统。电能传输系统的载波频率为 100Hz，电压幅值为 10V；注入的数据信号频率为 1kHz，电压幅值为 1V。利用 DSP 高频注入硬件系统的电流进行检波，得到了 1kHz 载波的信号，图 6-7 所示为加入信号波后的复合波形。

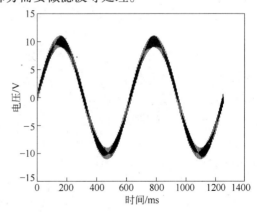

图 6-7 加入信号波后的复合波形

图 6-8 所示为初级端复合波，图 6-9 所示为以图 6-7 波形作为输入信号测得的次级端复合波。从图 6-9 可以看出，通过磁耦合结构后，复合波的频率和相

位信号信息依然能够显现出来，但是波形的失真比较严重，复合波中的杂波比较多。如果想从输出的波形中提取出需要的波形，后续就还有比较多的工作要做，相应的应用成本也会增大，所以这个方案应用的时候效果不好，而且由于后续还需要滤波等工作，系统的复杂程度肯定会增加，所以该方案不是理想有效的方法。

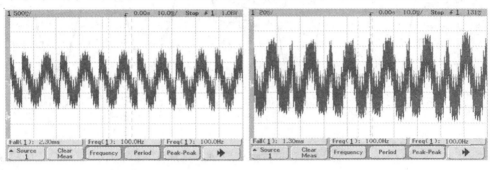

图 6 – 8　初级端复合波　　　　　　　　图 6 – 9　次级端复合波

6.3　基于电磁感应式无线供电技术的信道计算

6.3.1　能量传输效率分析

由反映阻抗定义可知，次级回路接收功率就是初级电路中在次级反映阻抗上耦合消耗掉的能量，所以次级回路接收功率 P_2 为：

$$P_2 = I_1 R_{r2} = \frac{U_1^2 R_{r2}}{(R_1 + R_{r2})^2 + (X_1 + X_{r2})^2} \qquad (6-5)$$

式中　I_1——初级电路电流；

$\quad\quad R_{r2}$——次级反映电阻；

$\quad\quad U_1$——输入电压；

$\quad\quad R_1$——初级电路电阻；

$\quad\quad X_1$——初级电路阻抗；

$\quad\quad X_{r2}$——次级电路阻抗。

为了获得更多的能量，在设计时使初级回路工作在谐振频率，即合理选择参数使得 $|X_1| = |X_{r2}|$，此时有：

$$P_2 = \frac{U_1^2 R_{r2}}{(R_1 + R_{r2})^2} \qquad (6-6)$$

若调整 R_1 使得 $R_1 = R_{r2}$，则次级回路吸收功率将达到最大值 $P_{2\max}$，那么，次级回路可以达到最大接收功率：

$$P_{2\max} = \frac{U_1^2}{4R_1} \qquad (6-7)$$

6.3.2 信号传输效率分析

系统提供的总功率 P_0 为：

$$P_0 = I_1^2(R_{r2} + R_1) = \frac{U_1^2(R_{r2} + R_1)}{(R_1 + R_{r2})^2 + (X_1 + X_{r2})^2} \qquad (6-8)$$

式中　I_1——初级电路电流；

　　　R_{r2}——次级反映电阻；

　　　R_1——初级电路电阻；

　　　U_1——输入电压；

　　　X_1——初级电路阻抗；

　　　X_{r2}——次级电路反映阻抗。

可以定义系统的信号传输效率 η_S 为：

$$\eta_S = \frac{P_2}{P_0} = \frac{1}{1 + \dfrac{R_1}{R_{r2}}} \qquad (6-9)$$

式中　P_2——次级回路接收功率；

　　　P_0——系统提供的总功率；

　　　R_1——初级电路电阻；

　　　R_{r2}——次级反映电阻。

由式（6-9）可知，R_{r2} 与 R_1 比值越大，系统信号传输效率越高。

能量和信号传输系统包括能量传输设计、信号传输设计、反馈信号传输设计及其协调控制设计。根据电路传输特性的分析知道，当 $R_1 = R_{r2}$ 时，电路的能量传输效率最大；而 R_{r2} 与 R_1 比值越大，信号传输效率越高。

对于电磁感应式无线供电系统，为了达到能量和信号传输的最高效率，应使初级电路电抗值与次级电路反映电抗大小相等，方向相反。而信号传输效率与能量传输效率不同，次级电路反映电阻值与初级电路电阻值的比值越趋近于 1，能量传输效率越高，而次级电路反映电阻值与初级电路电阻值的比值越大，信号传输效率就越高。

可见，能量传输时，变换电路阻抗使得阻抗相等，可达到能量传输效率最大化；在随后的信号传输过程中，利用阻抗变换电路调节使得 R_{r2} 与 R_1 比值尽量变大，可提高信号传输效率。如此交替进行，可以设计出一套能量和信号自适应变阻抗传输电路，它可快速、自动、有效地进行信号和电能的传输。

信号实验平台采用自行研制的 DSP（数字信号处理，digital signal processing）高频注入硬件系统。电能传输系统的载波频率为 100Hz，注入的信号频率为 1kHz。利用 DSP 高频注入硬件系统的电流进行检波，得到了 1kHz 载波的信号。

对于圆形 PCB 线圈，自感为 994nH，此时补偿电容为：

$$C_1 = \frac{1}{\omega^2 L_1} = \frac{1}{(2\pi \times 1 \times 10^3)^2 \times 997 \times 10^{-9}} = 25.4\text{mH}$$

式中 ω——固有角频率；

  L_1——初级绕组电感。

比较图 6 - 8 和图 6 - 9 可以看出，通过磁耦合结构后，复合波的频率和相位信号信息依然能够显现出来。由于频率越高，通过磁路的损失越小，较高频率的信号波幅值较较低频率的能量波损失要小得多。

6.4 本章小结

利用无线供电技术实现信号的传输，实现的方法主要有独立式和高频注入式两种。本章分别进行了基于电磁感应式无线供电技术和电磁谐振式无线供电技术的独立式和高频注入式的信号传输研究。将高频数据信号加载在能量传输信号上，进行信号传输。与独立式信号传输方式相比，高频注入式的信号传输克服了独立式数据信号传输线圈和能量传输线圈分置带来的线圈相互耦合干扰造成的能量损耗和信息丢失的缺陷，具有结构简单、便于实现的优点。在此基础上，对高频注入式信号传输的数学模型进行了讨论，对传输信道进行了计算。通过分析证明：对于感应式电能传输系统，为了达到能量和信号传输的最高效率，应使初级电路电抗值与次级电路反映电抗大小相等、方向相反。而信号传输效率与能量传输效率不同，次级电路反映电阻值与初级电路电阻值的比值越趋近于 1，能量传输效率越高，而次级电路反映电阻值与初级电路电阻值的比值越大，信号传输效率就越高。本章通过实验证明了基于无线供电技术的通信方法实现的可能性。

7 无线供电技术热点研究方向介绍

7.1 无线供电系统的自适应能量控制

7.1.1 自适应能量传输系统

耦合系数和负载增加时，一方面，导致传输能量过大，能量会在次级端积累并以热能的方式散发，使元器件温度升高、稳定性变差、寿命减少，反过来又会增大对能量的需求，导致效率降低；另一方面，对能量需求的增加使初级端工作负荷增加，导致驱动器件关断不恰当，稳定性和可靠性降低，效率劣化。

为了解决以上问题，提高感应式电能传输系统的工作效率和可靠性，本文引入驱动的自适应能量控制，据国外报道传输效率可提升50%，而国内此项研究较少。

负载变化，感应式电能传输系统输出功率也相应变化，与此对应，初级电路所需的输入功率也会增大。自适应能量传输系统结构如图7-1所示。

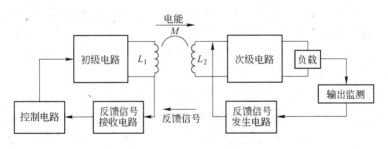

图 7-1　自适应能量传输系统结构

7.1.2 无线供电系统的变频控制分析

7.1.2.1 工作频率的选择

增加系统的工作频率受两个方面的限制：一是线圈的固有频率增加有限；二是随着频率的增加，磁场非线性变动增加，由此产生的浪涌电流会导致能量散失和阻抗增加。为了获得最大工作效率，一般采用谐振频率下的工作拓扑方式。

参照具体的应用，工作频率点可以选择高于或低于系统固有谐振频率点。当在高电流应用的情况下，工作频率低于系统固有谐振频率；而在高电压应用的情况下，工作频率应高于系统固有谐振频率。

当谐振频率选为系统的额定运行频率时，次级反映电阻得到了显著提高，从而传输的有功功率将大大增加。在两种补偿方式下，当运行频率偏离谐振频率时，反映电阻都迅速下降。当运行频率小于谐振频率时，反映电抗急剧上升；当运行频率大于谐振频率时，反映电抗则迅速下降。

由以上的分析可知：在谐振频率下，感应式电能传输系统能够达到最大值。越接近谐振频率，传输的效率就越高；相反，当系统的固有频率远离谐振频率时，传输的效率就会劣化。

在实际中使用的负载，一般表现的都不是单纯的电阻性，还有电感性和电容性。供电频率变化，感抗和容抗也同时变化。在低频域，较小的电容，比如寄生电容，一般是可以忽略的。随着频率的增高，尤其是进入高频域，较小电容会产生相当大的容抗，这就必须引起重视。

在固定频率的系统中，运行频率为额定频率。负载的变化会导致次级阻抗的变化，同时，次级电路的谐振频率也会变化。为了达到较高的传输效率，必须对初级电路进行调整，使初级电路的谐振频率与次级电路的谐振频率相等，初级阻抗和次级阻抗相匹配，次级补偿电容必须等于这一频率下的谐振补偿电容。

当次级线圈阻抗发生变化，比如负载变化（例如在多档位供电电路中），或是由于工作中产生的温升而引起次级电路中电容下降，系统的传输功率必然会下降。为了保证输出功率，必然要增大初级供电电流或电压，从而增加视在功率。

采用变频控制技术可以控制系统一直运行在电源端负载阻抗的零相角频率点（ZPA，zero - phase - angle）。电源端只需要提供系统中消耗的有功功率，这降低了对电源的视在功率要求。

设想对于不同阻抗的次级电路，使用不同的电容或容性电路，引入容性负载补偿，保证次级电路工作在零相角频率点，从而保证在不增加视在功率的情况下输出功率的稳定。这里引入容性网格电路概念，实现多档电容选择控制，实现多档位条件下的补偿。

方案一：测出在一个工作频率下的阻抗，引入一个可变的容性或感性电路，使得在这个频率下的次级电路的谐振频率等于工作频率。把得出的可变的容性或感性电路作为一个档，用开关管旁路控制。三个档位的相互配合，理论上可以实现 $C_3^1 + C_3^2 + C_3^3 = 3 + 3 + 1 = 7$ 种形式的补偿方式。对于初级电路，步骤相似，引入一个可变的容性或感性电路，使初级的谐振频率和工作频率、次级电路的谐振频率相等，对于对应的次级补偿，采用相应的初级补偿档位。

方案二：测量不同的频率下的阻抗，对于串并联混合补偿，串联容性补偿负载和并联容性补偿负载采用变容二极管。把串联补偿电路、并联补偿电路、负载的电感、电容、工作频率作为参数，其中串联补偿电路、并联补偿电路作为可控参数，可以看成一个多维优化的问题。进一步可以引入其他参数，比如温度，实现在环境变化时工作效率高和稳定性高。

7.1.2.2 变频控制下系统的稳定性分析

如果在频谱范围内不止一个零相角点存在时，变频控制就很难确定理想的控制点。当负载发生变化时，可能出现多个谐振点，电源的运行频率或者会偏离理想值，或者会在几个不理想的运行条件之间振荡，传输能力大大下降。要保证系统的稳定性和功率传输能力，就必须保证在各种运行条件下只有一个零相角频率。这种情况尤其在当系统需要为多个独立的参数相异的次级接收线圈供电时容易发生，为了保证各个次级接收线圈之间相互解耦，初级绕组采用电流源供电方式。

7.2 高压输电线无线能量拾取技术研究

对于一些大功率用电设备，输电线为其提供能量的同时，也会向输电线的外部空间不断辐射能量。利用电磁感应原理，能够为供电设备提供电能。比较成熟的技术有电力行业上使用的电流互感器，它能够在为电力检测设备提供电能的同时检测输电线上的电压或电感。由于电流互感器耦合系数高，接近于1，根据前面的分析，电流互感器电路的阻抗将以次级反应阻抗的形式耦合入输电线路，相当于增加了输电线路的阻抗，使输电线路的损耗增加。而采用感应电能传输技术，由于耦合系数小，耦合入输电线路的次级反应阻抗较小，不会对输电线路产生影响。同时，输电线的阻抗小，并且工作频率很小，为 50 Hz，耦合入次级电路的初级反应阻抗为极小值，设计时输电线的阻抗是可以忽略的。

按照电磁场理论，环绕高压输电线路的空间中存在着交变磁场，根据电磁感应定律，磁场中的回路将产生感应电流。在近似认为输电线路为无限长的前提下，输电线路所产生的磁场的磁通线为围绕它的一系列同心圆。如图 7-2 所示，定义输电线路中的电流为 I_1，矩形线圈边长为 a、b，

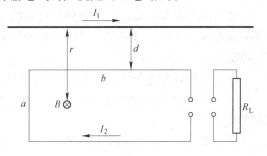

图 7-2 单相输电线与矩形线圈

线圈与输电线的距离为 d。根据安培环路定理可以推出距输电线距离为 r 的空间任一点磁场强度的大小为：

$$B = \frac{\mu_0}{2\pi} \times \frac{I_1 \times r}{r^2}$$

根据右手定律，矩形所在平面与输电线共面时，磁感应强度 B 和磁通 $\varPhi$ 为最大值。此时，输电线与矩形线圈共面，矩形边 b 与输电线平行，矩形边 a 垂直于输电线 B，B 的方向与矩形线圈和输电线所在的平面垂直，定义 d 为矩形线圈到输电线的距离。把负载等同为一个电阻 R_L，长直输电线产生的交变磁场便会在由感应线圈与负载组成的回路中产生感应电流 I_2。

7.3 植入式医疗装置无线供电技术的研究

当前基于无线能量和信号传输的植入式医疗装置是国内外研究的趋势，无线传输技术在生物医学领域有良好的应用前景，而供能问题、小型化问题和体内外装置缺乏可靠的联系等问题是限制植入式医疗装置发展的"瓶颈"问题。针对植入式医疗装置提出了利用电磁耦合进行无线能量传输的方法，通过无线传输系统能控制植入装置并从植入装置获得反馈信号。针对植入式医疗装置在体内姿态不确定的情况，提出了多源谐振无线供电系统，从而减小能量传输过程中的损耗，提高能量传输的效率，降低无线供电系统所产生的低频磁场耦合对人体产生的影响。

7.3.1 植入式医疗装置无线供电技术研究的意义

植入式医疗装置主要包括：各类植入式测量系统、植入式刺激器、植入式药疗装置、植入式人工器官及辅助装置等设备，主要用来刺激神经和肌肉，同时也能用来测量人体内不同的生理信号。植入式医疗装置的发展对于医学诊疗具有里程碑式的意义。

由于植入式医疗装置工作条件所具有的特殊性，能量供给问题无疑是前进过程中最大的绊脚石，目前植入式医疗装置通常采用微型电池供能，但这会带来如下问题：

（1）微型化学电池容量有限，无法实现长时间持续供电，并伴有微弱漏电。

（2）微型化学电池由于具有化学电池的构造特点，一旦发生泄漏将对人体造成较大危害。

（3）微型化学电池占据较大空间，进入体内的植入式医疗装置体积必须很小，这给微机电系统的制造造成了困难。

因此，目前在植入式医疗装置的供能方面尚无有效方法和手段。

针对电池供能不足的问题，有人提出了无线供电的供能方式。由于无线能量传输技术具有供能灵活、安全等特点，进入 21 世纪后无线能量传输技术逐步成为国内外科研机构研究的热点。

通过无线供电系统给植入式医疗装置供能的原理是：通过体外的能量发射装置和植入式医疗装置上的能量接收装置实现能量的无线传输。由于体外能量发射装置体积不受限制，很容易实现大功率发送，因此，只需有效地设计体内的能量接收装置、提高传输效率就能获得足够的电能。所以这种方法被认为是解决植入式医疗装置功能问题的有效途径。

采用无线供电方式，从体外持续对植入式医疗装置传输电能有以下优点：

（1）实时性，可实现在需要的情况下随时从体外持续给植入式医疗装置供能。

（2）安全性，通过电磁耦合方式传输能量，由于没有化学电池的有害材料，对人体来说安全程度更高。

（3）供能稳定，在各种位置情况下都能稳定输出能量。

（4）无需通过手术给植入式医疗装置更换供电电池，这减小了患者的痛苦和经济负担。

另外，植入式医疗装置能检测到人体不同的生理信息，通过无线供电系统将检测到的人体生理信息通过信号的方式传输给体外装置，能有效地降低整个无线系统的复杂性。为了减小患者的痛苦，要求植入式医疗装置的体积越小越好，而在无线供电系统中，实现信号的双向传输能有效地节省植入部分的体积，所以植入式医疗装置无线能量和信号同步传输研究就是一个十分有意义的探索。目前国内展开此项研究的机构很少，因此展开该项研究有很好的前景和意义。

随着植入式医疗装置技术的发展、医疗水平的提高及临床需求的增加，植入式医疗装置的功能不断增强，正在从"被动"走向"主动"，从"有线"走向"无线"。传统的采用电池供能的方式已不能满足大功耗微系统的要求，可能在诊断治疗结束前电池已耗尽，供能问题已经成为制约植入式医疗装置在医疗领域应用和发展的"瓶颈"。由于体内工作条件所具有的特殊性，植入式医疗装置必须采用无线方式为其提供能量，但目前在这方面研究尚处于起步阶段，因此，开展对这一问题的研究具有十分重要的意义。

7.3.2 国内外研究现状分析及存在问题

随着人们生活节奏的加快与饮食结构的变化，胃肠疾病、心脏病等疾病的发病率日趋升高。该类疾病的检查一直以来都是一个难题，最有效的方法是使用内窥镜检查、心脏起搏器等植入式医疗装置。20 世纪 90 年代以来，微机电系统（micro electromechanical systems，即 MEMS）技术与医学技术的结合以及在生物医学方面的应用得到了国际机电领域、医学领域的高度重视，无创或微创的植入式医疗装置成为多个公司研究的重点。

植入式电子系统主要包括：各类植入式测量系统、植入式刺激器、植入式药疗装置、植入式人工器官及辅助装置等设备。2001 年，以色列 Given Imaging 公司开发出口服式胶囊状内窥镜"M2A"，它可以拍摄胃肠道内的图像并发送到体外的接收器。但是限于胶囊内电池的容量，这种胶囊的工作时间只有 6 ~ 8h。日本 Olympus 公司也有功能类似的胶囊内镜"Endo Capsule"，如图 7 – 3 所示。国内重庆金山科技有限公司对胶囊内镜进行了国产化，开发了名为"OMOM"的胶囊内镜。

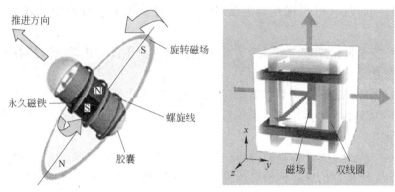

图 7 – 3 Olympus 机器人胶囊

目前，上述设备一般采用微化学电池供能，例如心脏起搏器的使用寿命取决于电池的寿命，而电池的寿命又与患者对起搏器的依赖程度密切相关。电池电量在完全耗完之前必须再次进行外科手术以更换新电池。更换电池的过程给病人造成新创伤，增加了病人的痛苦。如果电池更换不及时，病人甚至会有生命危险。

针对电池供能的不足，无线能量传输技术已被逐步应用于体内诊疗微机电系统的供能中。在韩国政府的资助下，Gimm 等人尝试运用无线能量传输技术为胶囊内窥镜供能，其主要是对接收线圈的磁芯结构、磁通量及线圈电感进行了仿真分析，利用自制的耦合线圈及配套电路进行了能量传输实验，实验系统的输出电压为 3.3V，输出功率约为 50mW。韩国 Hallym 大学 Lee 和 Kim 等人提出了一种用于体内机器人胶囊的高效无线能量传输方案。为了解决单维无线能量传输系统效率受初、次级线圈相对位置及夹角影响大的缺陷，该方案采用二维正交接收线圈，并对两种结构形式的二维线圈进行了实验分析。实验表明，采用该二维能量传输系统的输出电压及功率受次级线圈方位的影响较小，电压的波动范围可保持在理论最高电压值的 20% 以内。

目前，在给植入式医疗装置展开的无线能量传输研究中，主要存在的问题是传输效率低下、稳定性差；对于空间任意姿态和位置的线圈之间的耦合系数的理论和实验研究不够深入，没有相应的比较精确的模型；目前国内外对于植入式医疗装置的能量和信号的无线同步传输研究较少。

7.3.3 应用方向和应用前景

目前，植入式医疗装置的能量和信号的无线同步传输是国际科学研究的一个新热点，将能量和信号用同一组载波信号进行无线传输，能有效地减小整个无线传输系统的体积。

以人体肠道诊查微型机器人为例，由于传统的化学电池供能局限于电池容量，机器人的使用功能受到了很大的限制。无线能量传输技术能有效地解决人体肠道诊查微型机器人的功能问题。由于人体胃肠道空间狭小，如果能将机器人检测到的人体生理信号与供能进行无线同步传输，就能有效地减小机器人的体积，推进无创、微创诊疗技术的进一步发展。

综上所述，由于植入式医疗装置工作条件的特殊性，能量和信号的无线同步传输已经成为其进一步发展必须解决的基础性关键问题，展开本课题的研究应用前景很好，具有十分重要的意义。

7.3.4 研究的可行性分析

7.3.4.1 需研究的主要内容

需研究的主要内容有：

（1）以无线能量传输原理为基础，结合平面变压器技术，建立微型化无线能量传输系统的数学模型，依据此模型，对初、次回路多种谐振补偿模式下补偿电容进行推导，分析初、次级线圈耦合系数、反映阻抗、线圈内阻及补偿模式对系统传输效率的影响，为无线供电系统的设计提供依据。

（2）进行多维电磁谐振式无线供电系统数值分析与实验研究，开展多维无线供电系统初、次级线圈的设计，对初级线圈所激发的交变磁场进行理论分析有限元仿真。随后，对多维无线供电系统进行有限元建模仿真，计算初、次级线圈的自感、互感与耦合系数，重点分析次级线圈多个正交绕组在不同位置姿态下的能量补偿性能。并针对多维绕组产生的多个感应电压，拟设计整流连接模块、滤波稳压模块，引入当量负载，完善后续电路，并利用仿真与实验分析整个系统的传输效率与功率。

（3）针对植入式医疗装置在体内姿态不确定的情况，进行自定向机构研究，从而提高能量传输的效率。通过对线圈品质因数的理论和实验研究，优化无线能量传输系统最佳工作频率，为利用电磁耦合进行能量传输建立理论基础。植入式医疗装置在体内工作过程中，接收线圈和发射线圈间的耦合系数不断变化，导致能量传输效率不稳定，同时为了满足能量传输效率最大化的条件，拟设计基于无线通信的接收电压反馈回路和谐振频率自调节的双闭环能量传输系统，提高能量传输的稳定性和可靠性。

（4）植入式医疗装置能用来检测和传输人体的生理信号，一般的植入式医疗装置是长期安放在人体内的，拟用电磁耦合进行信号和能量的同步无线传输，该法能有效地降低系统的体积和复杂性。在微型化无线能量传输系统中，初级端引入幅度键控调制器，在无线系统的次级端设计一个接收电路，在同一载波中用幅度键控信号传输能量和控制信号；此外，拟通过频移键控调制器技术向初级端发送反馈信号。

7.3.4.2 研究方法及实验手段

A 微型化研究

在基于平面变压器技术的基础上对无线供电系统进行设计，该技术有体积小、能量密度大、电流通过性好、涡流损耗小、散热面积大的特点，所以对供电系统的小型化设计有利。将初、次级绕组设计成 PCB（印制电路板）的形式，这样能有效减小整个供电系统的体积。利用 Fernández、Zumel 等人提出的用于移动负载的无线供能系统模型，运用多个独立的子线圈组成充电平台，每个子线圈由相应电路独立控制。在充电过程中，与接收线圈最近的充电子线圈被系统选取进行能量传递。本方案拟将该无线供电模型应用于体内微机电无线供电系统，通过该方案能对无线供电系统进行微型化设计。

B 多维无线能量传输系统研究

在植入式医疗装置上安装姿态测量装置，确定接收线圈的姿态，选择夹角最小的发射线圈工作，可以避免切换过程中供能不足的现象。更进一步，还可以根据接收线圈的姿态，三组线圈同时工作在同频同相位，通过调节线圈中的电流产生平行于接收线圈轴线的合成磁场，从而使传输效率达到最高。

图 7-4 所示为多维无线能量传输系统示意图。多维发射线圈在实际应用中存在接收线圈姿态难以测量的问题，采用多维接收线圈是直接有效的方法。多维正交结构接收线圈可保证在任意姿态下至少有一个线圈的磁通不为零，从而提高能量接收的稳定性。

C 能量和信号的同步无线传输研究

如图 7-5 所示，该系统发射电路包括幅度键控解调器，植入装置包括频移键控调制器。植入的医疗装置通过电磁耦合接收外部发射的能量和信号，功器生成稳定的电源给整个植入系统供电；植入系统中，幅度键控解调器用来解调接收到的幅度键控控制信号，频移键控调制器用来调制信号并且传输信号。

D 技术路线及关键技术

该研究可按照图 7-6 所示的技术路线来进行研究。

（1）理论分析阶段：结合平面变压器技术，对无线供电子系统进行微型化

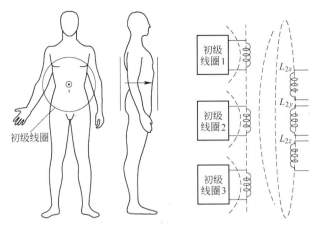

图 7-4 多维无线能量传输系统示意图

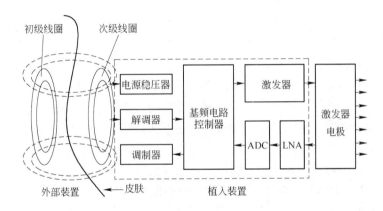

图 7-5 同步无线传输系统示意图

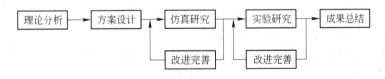

图 7-6 技术路线示意图

设计，并建立该方案的理论模型，对传输性能进行理论计算分析。该阶段的关键技术是如何有效地把平面变压器技术引入到无线供电的子系统中。

（2）方案设计阶段：在理论分析的基础上设计植入式医疗装置能量和信号的同步无线传输系统。该部分的关键技术是多维能量传输和接收系统研究、能量和信号的同步无线传输研究。

（3）仿真研究阶段：对所设计方案的传输效率、传输距离、工作频率等进行仿真研究，并进行优化，找出所设计方案的不足，并进行改进。

(4) 实验研究阶段：针对前面的研究进行实验研究，通过实验对方案进行补充和改进，以使方案进一步完善。

7.4 扭矩传感器无线能量传输技术研究

扭矩信号是各种动力机械运行状态监测、安全与优化控制和故障识别预报的主要信息源。扭矩监测系统可以随时对设备的运行状况进行监测，以保证设备处于良好的工作状态。对一些重要的处于旋转状态的轴类部件进行实时监测，需要解决两个问题：

一是如何将旋转轴上检测到的应变信号可靠地传输到地面上静止的分析仪器或设备；

二是如何给旋转轴上的测量电路供给能量。

在传统的扭矩监测系统中，向处于旋转状态的监测系统提供能量的方法有很多种，如滑环供电、旋转变压器供电、光电池供电等。这些方法各有优缺点，传统的电能传输采用滑环、水银和电刷等直接接触的引电装置，必然会产生接触部位的摩擦阻力和接触零件的磨损、发热等问题，使得其传输性能不稳定，工作寿命短，不适合高速旋转或振动较大的轴，同时，日常的保养和维护也非常麻烦。此外，像钻井中钻具的扭矩测量、车辆旋转轴的扭矩测量、工业现场大型传动装置测量等场合，由于受测量环境约束，往往不适合使用有线传输方式。而电池供电的无线电在线监测传感器只能短时间工作，不能进行长期连续监测。旋转变压器在安装工艺上要求较高，现场的污染和温度变化对其影响较大。光电池法对环境的要求更高，粉尘、油污可能会严重影响其传输效率。

感应供电的无线电在线监测传感器和发射机电源由旋转稳压块提供，它是由感应电源送出的大功率电能经静、动线圈之间的耦合而获得。该供电方式能为传感器和发射机长期提供稳定的电源，使系统长期工作，实现扭矩在线监测。

此外，扭矩信号的传输也可以采用感应无线传输方式，通过电磁感应把扭矩测量信号传输到静止的接收机，它的发射模块就是绕在被测轴上的感应线圈。感应无线传输的传输距离较无线电传输要短，准确度要低，但是它的优点是结构简单，安装实现比较方便，也不需要对机械结构进行大的修改。

图 7-7 所示为扭矩传感器初、次级线圈构成的磁路示意图。该系统利用外置的初级线圈产生磁场，均匀放置安装在旋转轴上的次级线圈接收能量。如图 7-7 (a) 所示，当初级线圈足够大，通过电路也足够大时，可以假定通过旋转轴上的次级线圈的磁力线也是均匀的。如图 7-7 (b) 所示，通过单个次级线圈的磁通，与它垂直于磁力线的平面上的投影通过的磁通相等。次级线圈在该平面上的投影面积等于它自身面积与投影面夹角的余弦乘积。

传统模式中，拾取线圈法线向量总是和磁场平行，其拾取感应电动势始终最

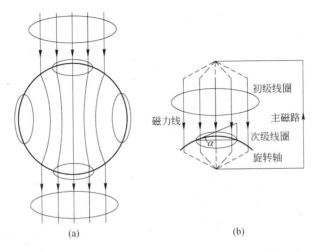

图 7-7 扭矩传感器初、次级线圈构成的磁路示意图

(a) 扭矩传感器多个次级线圈（4 个）与初级线圈的位置关系；

(b) 初级线圈与单个次级线圈构成的磁路

大。然而，对于可任意转动的拾取机构，其拾取线圈和磁场的相对空间关系如果发生变化，拾取线圈的法线向量就会出现和磁场不平行的情况，那么线圈中的感应电动势会随角度的变化而变化。由于磁场方向在任何时刻都是确定的，导致次级线圈的可旋转角度有一定的限制。德国德累斯顿大学电气工程系的 Brien 在论文中分别研究了二维空间中原边旋转磁场的设计以及多方向拾取机构的复线圈耦合互感关系，通过在骨架材料上设置 3 个正交绕制的线圈，在磁场空间中能够实现任意旋转角度的非接触电能传输。参考文献 [88] 中讨论了三维空间中 3 个正交绕制的线圈改变拾取线圈的转动角度时，瞬时感应电动势计算关系以及输出电压系数的分布区间及均匀性。对于扭矩传感器供能系统，需要研究多个次级线圈沿圆周方向上的排列，以得到幅值足够高且比较均匀的输出电压。

7.5 水下仪器的无线供电技术研究

随着我国对海洋开发的进一步深入，必然需要应用大量的水下救生、探测、导航、考古等各种机器人，供能问题是需要解决的一个关键问题，目前国内对水下设备多采用电池供电，缺少供电方式方面的研究。无线供电方法具有供电方式灵活、安全等特点，国内对水下机器人的无线供电方法应用研究较少。本研究根据理论分析和软件仿真结果，针对原有供电方式的局限，提出用无线供电技术结合可充电电池对水下设备进行供电设计的方法，设计并搭建一个无线供电实验平台。分别从主电路、控制电路和保护电路介绍平台的工作原理和实验中的问题及解决方法，然后在不同铁芯和耦合距离条件下进行实验，研究得到水下机器人无线供电系统的可行性和效率影响因素。

作为无线供电技术的一个重要应用领域，国内对水下机器人无线供电应用的研究较少。目前我国的水下用电系统，包括已经研制成功的自制水下机器人系统尚无采用无线供电技术案例。随着我国对海洋开发的进一步深入，必然需要应用大量的水下救生、探测、导航、考古等各种装置，能源问题是需要解决的一个关键问题，目前国内对水下能源动力解决方案的研究主要集中在提高电池能量密度上，缺少充电方式方面的研究。感应充电技术由于不存在电路的直接耦合，从而可以从根本上改变目前只使用电池作能源，利用普通方式补充电能带来的充电麻烦与维护困难等突出问题。该技术为水下装置提供了良好的供电选择，有望成为制约未来海洋工程发展水平的一项关键技术。无线供电模式在水下系统的应用将为水下新型供电方式提供大胆尝试，同时也将极大丰富无线供电技术的理论和实践。

7.6 本章小结

本章对无线供电技术当前几个比较热门的研究点进行了介绍，包括无线供电系统的自适应能量控制、高压输电线无线能量拾取技术研究、植入式医疗装置无线供电技术研究、扭矩传感器无线能量传输技术研究和水下仪器的无线供电技术研究等，可为无线供电技术科学研究的人员提供参考。

8 总结和展望

~~~~~~

8.1 本书主要结论

基于无线供电技术在应用中的众多优点，所以其在各个领域的应用都有着传统供电无法比拟的优势。本书通过对电磁感应式无线供电技术和电磁谐振式无线供电技术的研究，得出了如下结论：

（1）本书分析了电磁感应式无线供电系统的耦合模型，通过对初、次级线圈位置改变时对电磁感应式无线供电系统耦合性能的影响进行分析，推导得到了气隙、中心偏移量和偏转角改变时互感的理论计算公式，首次引入椭圆积分的级数表达式对互感计算公式进行优化，得到了比较准确的互感理论计算公式，同时该公式具有普适性，对互感的计算有重要的参考价值。该理论公式表明，互感值会随着气隙或中心偏移量的增大而减小，偏转角 α 由 0 开始增大时，互感值会随着偏转角 α 的增大而有增大的趋势，当偏转角 α 增大到一定的程度时（$\alpha >$ 40°），互感值会随着偏转角 α 的增大而急剧下降。

通过实验验证了气隙、中心偏移量和偏转角变化对互感的影响理论公式。最后对系统工作频率和负载电阻的大小对输出功率的影响进行了实验研究，结果表明，较大的工作频率和负载电阻能增大输出电压。

（2）在对小型化无线供电技术的研究过程中，对其工作原理和主要技术参数进行了概述，重点分析了它的重要技术基础：平面变压器技术和平面磁集成技术。对小型化无线供电系统的电感、损耗和漏感进行了详细的理论分析，在此基础上设计了一套小型化无线供电系统，首次在高频谐振条件下对小型化无线供电系统的传输性能进行了实验研究。实验结果表明，系统在高频谐振条件下的传输性能优化了很多。

（3）在对电磁谐振式无线供电系统的研究过程中，着重分析了电磁谐振式无线供电系统的谐振频率、传输效率和品质因数等性能指标，并在此分析的基础上研制了电磁谐振式无线供电系统。对初、次级线圈的相对位置改变对系统的传输性能的影响进行了实验研究，结果表明：相对于电磁感应式无线供电系统，电磁谐振式无线供电系统的传输距离显著提高；只有当中心偏移量大于初级线圈的半径时，电磁谐振式无线供电系统的传输性能才会显著下降；电磁谐振式无线供电系统的传输性能对偏转角的变化并不敏感，只有当偏转角接近90°时系统的传输性能才会急速变差。进行了多负载实验的尝试，负载线圈半径越大，接收到初级端的功率就越多。首次进行了基于电磁谐振式无线供电系统的独立式信号传输研究，和高频注入式信号传输实验相比较，基于电磁谐振式无线供电系统的独立式信号传输实验的效果更好，波形失真不是很严重。

在对带两个增强线圈的电磁谐振式无线供电系统的研究过程中，首次提出了最大有效传输距离的概念，推导出了其理论计算公式。通过对带两个增强线圈的电磁谐振式无线供电系统的实验研究发现，加入增强线圈后系统的传输距离得到了明显增大，并且增强线圈的品质因数相对于初级线圈的品质因数越大，系统的传输距离就越大。并通过实验验证了最大有效传输距离的存在。

8.2 本书主要创新点

为了提高非辐射式无线供电系统的效率和适用性，本文对电磁感应式无线供电技术和电磁谐振式无线供电技术的原理及其实现方法进行从理论到实验的探索性研究，取得了一些有价值的结论和具有创新意义的成果。作者在研究过程中主要创新点为：

（1）获得互感值的传统方法是通过空载实验，或者通过诺依曼公式得到互感随初、次级线圈相对位置的变化趋势，没有准确互感理论计算公式，本书中以圆形线圈为例，通过对初、次级线圈位置改变时对电磁感应式无线供电系统耦合性能的影响进行分析，推导得到了气隙、中心偏移量和偏转角改变时互感的理论计算公式，首次引入椭圆积分的级数表达式对互感计算公式进行了优化，得到了比较准确的互感理论计算公式。实验结果表明，用该理论计算公式计算的互感值更接近实际测量值。所以该理论计算公式具有普适性，对互感的计算有重要的参考价值。

（2）无线供电系统需要向"短、小、轻、薄"的方向发展，小型化无线供电技术是基于这个发展趋势提出的新概念。小型化无线供电系统是基于平面变压器技术的无线供电方式，它将无线供电技术和平面变压器技术、平面磁集成技术和现代电子电力技术结合起来。本书中对小型化无线供电技术的工作原理和主要技术参数进行了理论推导，在此基础上设计了一套小型化无线供电系统，首次在高频谐振条件下对小型化无线供电系统的传输性能进行了实验研究，实验结果表明，系统在高频谐振条件下的传输性能得到了很大的优化。

（3）在电磁谐振式无线供电系统的研究中，进行了多负载的实验尝试；首次进行了基于电磁谐振式无线供电技术的独立式信号传输研究，和高频注入式信号传输实验相比较，基于电磁谐振式无线供电技术的独立式信号传输实验的效果更好；在进行双增强线圈的电磁谐振式无线供电系统实验中，首次提出了最大有效传输距离的概念，并推导出了其理论计算公式，通过实验验证了最大有效传输距离的存在。

8.3 无线供电技术在应用发展中应注意的问题

无线供电技术在应用发展中应注意的问题有：

（1）国家要出台相应的政策，鼓励、扶持并规范无线充电汽车的发展和充电设施的建设。一个行业或企业，尤其是利国利民的行业或企业的发展，离不开国家的扶持。无线充电是一个刚刚起步的领域，其有效的发展可以很大程度上解决电动汽车发展的一个瓶颈，但由于对其研发的投资巨大，这就更需要国家进行鼓励和扶持，以加快其研发进程，使其尽早得以应用。

（2）无论最终采用何种方式充电、采用何种蓄电池，国家及各地方有关部门都要对其频率、安全、环保、节能等方面进行研究，避免浪费、避免对人体健康产生不良影响、避免对环境造成新的污染，同时要宣传到位，避免人们对电磁的恐惧心理。

（3）在实际中，由于发射端置于地下，要注意对其的保护。

（4）在雨水较多的地区，除对地下设施的防水外，车辆接收端的防水处理也是一个需要考虑的问题。

就像现在人们对 Wi‐Fi 无线信号和手机天线杆是否有干扰和辐射等副作用一样，对于刚出现的这种无线充电技术人们仍然有很多安全疑问，比如其是否会产生电磁辐射，是否会有使用限制和令数码产品价格增加等担忧。对于最核心的安全问题，专业人士认为，从理论上说，这一系统对处在充电场的人完全无害（见图 8‐1），因为电量只在以同一频率共振的线圈之间传输。尽管无线充电器的电能转化率并不是特别高，但随着技术的逐渐进步，相信总有一天它能追赶上充电器。

图 8‐1 无线供电技术的电磁
辐射对人体无害

电磁波对人体辐射尚无权威答案，安全尚需分阶段逐步解决。无线供电系统涉及的安全问题，主要包括两个层面：一是如何保证电磁波只辐射到手机接收部分，不会影响到人体健康，或干扰其他设备；二是让电磁辐射在错误使用情况下不至于损坏电池和充电器，比如识别无线充电器上的异物，防止锂电池过热导致的变形或爆炸的危险等。专家表示这些都要通过大量的软硬件工作来实现。在市场发展上仍需分阶段逐步过渡，尚有很多问题亟待解决。

8.4 后续工作展望

因时间和作者水平所限，本文仅取得了阶段性的成果，仍有如下的研究工作需要进一步探讨：

（1）对于初、次级绕组的补偿，串联和并联补偿技术各有其优缺点。从理论上讲，两者结合使用，效果优于采用单一的补偿技术。如何更好地进行补偿，以及如何在电路参数变化的情况下及时有效地进行补偿将是下一步的工作。

（2）将平面变压器技术和平面磁集成技术引入后，电磁感应式无线供电系统的参数，如电感、分布电容对设计较传统方式更为敏感。如何有效地消除寄生参数对系统传输性能的影响将是进一步研究的内容。

（3）加入增强线圈后，电磁谐振式无线供电系统的传输距离得到了有效地增大，但是也牺牲了更多的输出功率。如何将最大有效传输距离和传输功率进行优化也是今后值得研究的一项内容。

（4）本书虽对基于无线供电技术的信号传输进行了分析和讨论，但仅仅是证明了使用该技术进行通信的可能性。为了尽早实现该技术的产品化，采用怎样的方式进行通信，如何进行通信，是可以继续深入探讨和研究的课题。

8.5 本章小结

本章对前期的研究成果进行了总结并得出了研究的相关结论，并从中提炼出了作者相关研究的创新点，并对无线供电技术在应用发展研究中提出了应注意的相关问题，最后对后续的工作进行了展望。

参 考 文 献

[1] 武瑛, 严陆光, 徐善纲. 新型无接触能量传输系统 [J]. 变压器, 2003 (6): 1~6.

[2] 李宏. 感应电能传输——电力电子及电气自动化的新领域 [J]. 电气传动, 2001 (2): 62~64.

[3] 韩腾, 卓放, 刘涛, 王兆安. 可分离变压器实现的非接触电能传输系统研究 [J]. 电力电子技术, 2004 (5): 28~29.

[4] 武瑛. 新型无接触供电系统的研究 [D]. 北京: 中国科学院电工所, 2004.

[5] A P Hu, Selected resonant converters for IPT power supplies [D]. New Zealand: The University of Auckland, 2001.

[6] Guoxing Wang. Wireless power and data telemetry for retinal prosthesis [D]. Santa Cruz: University of California, 2006.

[7] James Doherty. Transcutaneous power and data telemetry for an implantable gastrointestinal stimulation system [D]. Calgary: The University of Calgary, 2005.

[8] 戴欣, 孙跃. 单轨行车新型供电方式及相关技术分析 [J]. 重庆大学学报, 2003, 26 (1): 50~53.

[9] Boys J T, Elliott G A, Covic G A. An Appropriate Magnetic Coupling Co - efficient for the Designand Comparison of ICPT Pickups [J]. IEEE Transactions on Power Electronics, 2007, 22 (1): 333~335.

[10] Papastergiou K D, Macpherson D E. An Airborne Radar Power Supply with Contactless Transferof Energy - part I: Rotating Transformer [J]. IEEE Transactions on Industrial Electronics, 2007, 54 (5): 2874~2884.

[11] J L Villa, A Lombart, J F Sanz, J Sallán. Practical Development of a 5kW ICPT System SS Compensated with a Large Air Gap [C]. IEEE International Symposium on Industrial Electronics, 2007: 1219~1223.

[12] Boys J T, Covic G A, Green A W. Stability and Control of Inductively Coupled Power Transfer Systems [J]. IEE Proc. Power Appl. 2000, 147 (1): 37~43.

[13] Boys J T, Hu A P, Covic G A. Critical Q Analysis of a Current - fed Resonant Converter for ICPT Applications [J]. IEEE Electronics Letters, 2000, 36 (17): 1440~1442.

[14] Chwei - Sen Wang, Covic G A, Stielau O H. Power Transfer Capability and Bifurcation Phenomena of Loosely Coupled Inductive Power Transfer Systems [J]. IEEE Transactions on Industrial Electronics. 2004, 51 (1): 148~157.

[15] 孙跃, 戴欣, 苏玉刚, 等. 广义状态空间平均法在 CMPS 系统建模中的应用 [J]. 电力电子技术, 2004, 38 (3): 86~88.

[16] 武瑛, 严陆光, 徐善纲. 新型无接触电能传输系统的稳定性分析 [J]. 中国电机工程学报, 2004, 24 (5): 63~66.

[17] 武瑛, 严陆光, 徐善纲. 运动设备无接触供电系统耦合特性的研究 [J]. 电工电能新技术, 2005, 24 (3): 5~8.

[18] 刘志宇，都东，齐国光. 感应充电技术的发展与应用 [J]. 电力电子技术，2004，38 (3)：92～94.

[19] 左文，杨民生，欧阳红林，等. 基于 DSP 的非接触式移动电源技术及其应用前景 [J]. 大众用电，2004 (8)：23～24.

[20] 田野，张永祥，明廷涛，等. 松耦合感应电源性能的影响因素分析 [J]. 电工电能新技 术，2005，25 (1)：73～76.

[21] 高金峰，徐磊. 并联谐振型非接触供电平台的频率控制与设计 [J]. 郑州大学学报（工 学版），2006，27 (4)：66～70.

[22] Tang S C, Hui S Y R, Chung H. Coreless Printed Circuit Board (PCB) Transformers with High Power Density and High Efficiency [J]. Electronics Letters, 2000, 36 (11): 943～944.

[23] Xun L, Hui S Y. Simulation Study and Experimental Verification of a Universal Contactless Battery Charging Platform with Localized Charging Features [J]. IEEE Transactions on Power Electronics, 2007, 22 (6): 2202～2210.

[24] Esser A. Contactless Charging and Communication for Electric Vehicles [J]. IEEE Industry Applications Magazine, 1995, 11～12 (1): 4～11.

[25] Alan Pilkington, Romano Dyerson. Incumbency and the Disruptive Regulator the Case of Electric Vehicles in California [J]. International Journal of Innovation Management (IJIM), 2004 (4): 339～354.

[26] Chwei－Sen Wang, Stielau O H, Covic G A. Design Considerations for a Contactless Electric Vehicle Battery Charger [J]. IEEE Transactions on Industrial Electronics, 2005, 52 (10): 1308～1314.

[27] Koenraad Van Schuylenbergh, Robert Puers. Self－tuning Inductive Powering for Implantable Telemetric Monitoring Systems [J]. Sensors and Actuators A, 1996 (52): 1～7.

[28] C Hierold, B Clasbrummel, D Behrend. Low Power Integrated Pressure Sensor System for Medical Applications MEMS [J]. Sensors and Actuators, 1999 (73): 58～67.

[29] R Puers, M Catrysse, G Vandevoorde. A Telemetry System for the Detection of Hip Prosthesis Loosening by Vibration Analysis [J]. Sensors and Actuators, 2000 (85): 42～47.

[30] F Burny, M Donkerwolcke, F Moulart. Concept, Design and Fabrication of Smart Orthopedic Implants [J]. Medical Engineering & Physics, 2000 (22): 469～479.

[31] J Coosemans, R Puers. An Autonomous Bladder Pressure Monitoring System [J]. Sensors and Actuators A, 2005, 123～124 (9): 155～161.

[32] D I Shin, K H Shin, L K Kim. Low－power Hybrid Wireless Network for Monitoring Infant Incubators [J]. Medical Engineering & Physics, 2005 (27): 713～716.

[33] Guolin Xu, Francis E H Tay, Ciprian Iltescu. Multichannel Biotelemetry System using Micro-controller with UHF Transmit Function [J]. International Journal of Software Engineering and Knowledge Engineering, 2005, 15 (2): 205～212.

[34] Bert Lenaerts, Robert Puers. An Inductive Power Link for a Wireless Endoscope [J]. Biosen-

sors and Bioelectronics, 2007, 22 (5): 1390～1395.

[35] S Kim, K Zoschke, M Klein. Switchable Polymer – based Thin Film Coils as a Power Module for Wireless Neural Interfaces [J]. Sensors and Actuators A: Physical, 2007, 136 (1): 1～8.

[36] R Graichen, A Rohlmann, A Bender. Smart Implants with Inductive Power Supply and Radio – frequency Data Link [J]. Journal of Biomechanics, 2006, 39 (1): 527～528.

[37] F Graichen, R Arnold, A Rohlmann, et al. Low Power 9 – channel Telemetry Transmitter on a Single Chip [J]. Journal of Biomechanics, 2006, 39 (1): 528.

[38] 赵春宇，陈大跃，谢国权，等. 基于射频感应控制的掌指人工关节研究 [J]. 中国生物医学工程学报, 2003 (5): 418～427.

[39] Y I Kima, T S Park, J H Kang, et al. Biosensors for Label Free Detection Based on RF and MEMS Technology [J]. Sensors and Actuators B, 2006, 119 (3): 592～599.

[40] Pier A Serra, Gaia Rocchitta, Gianfranco Bazzu, et al. Design and Construction of a Low Cost Single – supply Embedded Telemetry System for Amperometric Biosensor Applications [J]. Sensors and Actuators B: Chemical, 2007, 122 (1): 1～9.

[41] 张雪松，朱超甫，张春发，李忠富. 无线能量传输技术及其在扭矩监测系统中的应用 [J]. 北京科技大学学报, 2005 (6): 724～726.

[42] 王秩雄，胡劲蕾，梁俊，王长华. 无线输电技术的应用前景 [J]. 空军工程大学学报（自然科学版）, 2003 (2): 82～85.

[43] 上海海事大学. 非接触电能传输设备: 中国, 200820054479. 7 [P]. 2008 – 01 – 04.

[44] 李俊波，贾振尧，朱红莲，等. 实现井下网络的遥测钻杆技术 [J]. 石油机械, 2004 (5): 63～64.

[45] 杨玉岗. 现代电力电子的磁技术 [M]. 北京: 科学出版社, 2003: 10～23, 207～212.

[46] 陈颖. 大功率高频变压器油箱局部损耗发热的探讨 [J]. 变压器, 2003 (11): 37～39.

[47] 姜田贵，张峰，王慧贞. 松耦合感应能量传输系统中补偿网络的分析 [J]. 电力电子技术, 2007 (8): 42～44.

[48] 杨民生，王耀南，欧阳红林. 无接触电能传输系统的补偿及性能分析 [J]. 电力自动化设备, 2008 (9): 15～19.

[49] Bert Lenaerts, Robert Puers. Automatic Inductance Compensation for Class E Driven Flexible Coils [J]. Sensors and Actuators A, 2008: 1～7.

[50] Chwei – Sen Wang, Oskar H Stielau, Grant A Covic. Design Considerations for a Contactless Electric Vehicle Battery Charger [J]. Transactions on Industrial Electronics, 2005 (52): 1308～1315.

[51] 赵修科. 实用电源技术手册——磁性元器件分册 [M]. 沈阳: 辽宁科学技术出版社, 2002: 185～191.

[52] Ayano H, Yamamoto K, Hino N, et al. Highly Efficient Contactless Electrical Energytransmission System [J]. IEEE IECON, 2002, 2: 1364～1369.

[53] Byeong – Mun Song, Kratz R, Gurol S. Contactless Inductive Power Pickup System for Maglev

Applications [J]. IEEE IAS, 2002, 3: 1586～1591.

[54] Stielau O H, Covic G A. Design of Loosely Coupled Inductive Power Transfer systems [C]. International Conference on Power System Technology, 2000: 85～90.

[55] Huljak R, Thottuvelil V, Marsh A, et al. Where are Power Supplies Headed [C]. C IEEE – APEC, 2000: 10～17.

[56] Conor Quinn, Karl Rinne, Terence O' Donnell, et al. A Review of Planar Magnetic Techniques and Technologies [C]. IEEE – APEC, 2001: 1175～1183.

[57] George B. Power Management: Enabling Technology for Next – Generation Electronic Systems [C]. IEEE – APEC, 2001: 1～6.

[58] 蔡宣三. 高频开关变换器中的磁元件（Ⅱ）——电感与变压器 [J]. 电源世界, 2002 (3): 58～64.

[59] [苏] 卡兰塔罗夫, 采依特林. 电感计算手册 [M]. 北京: 机械工业出版社, 1992: 198～200.

[60] Enrico Santi, Slobodan Cuk. Issues in Flat Integrated Magnetics Design [C]. APEC, 1996 IEEE, 1996.

[61] 韦忠朝, 张安东, 唐德宇, 等. PCB 平面变压器设计研究 [J]. 电工技术杂志, 2004 （增刊）: 32～35.

[62] 王三新. 高频平面变压器漏感的理论分析 [J]. 矿山机械, 2008 (18): 18～20.

[63] 赵凯华, 陈熙谋. 电磁学 [M]. 北京: 高等教育出版社, 2006.

[64] Hirai J J, Kim T W, Kawamura A. Wireless Transmission of Power and Information for Cableless Linear Motor Drive [J]. IEEE Transactions on Power Electronics, 2000, 15 (1): 21～27.

[65] Esser A, Skudelny H C. A New Approach to Power Supplies for Robots [J]. IEEE Transactions on Industry Application, 1991, 27 (5): 871～875.

[66] 周雯琪, 马皓, 何湘宁. 基于动态方程的电流源感应耦合电能传输电路的频率分析 [J]. 中国电机工程学报, 2008, 28 (3): 119～124.

[67] 王路, 陈敏, 徐德鸿. 磁悬浮列车非接触紧急供电系统的工程化设计 [J]. 中国电机工程学报, 2007, 27 (18): 67～70.

[68] Soljacic M. Wireless energy transfer can potentially recharge laptops, cell phones without cords [R]. San Francisco: Massachusetts Institute of Technology, 2006.

[69] Karalis A, Joannopoulos J D, Soljaeia M. Efficient Wireless Non – radiative Mid – range Energy Transfer [J]. Annals of Physics, 2008, 3 (23): 34～38.

[70] Soljačić M, Rafif E H, Karalis A. Coupled – mode Theory for General Free – space Resonant Scattering of Waves [J]. Physcial Review 2007, 75 (5): 1～5.

[71] Soljačić M, Kurs A, Karalis A. Wireless Power Transfer via Strongly Coupled Magnetic Resonances [J]. Sciencexpress, 2007, 112 (6): 1～10.

[72] Daqian Fang. Handbook of Electrical Calculations [M]. Shandong Science and Technology Press, 1994.

［73］André Kurs, Aristeidis Karalis, Robert Moffatt, et al. Wireless Power Transfer via Strongly Coupled Magnetic Resonances ［J］. Science, 2007, 6 (317): 83~86.

［74］邱关源. 电路 ［M］. 北京：高等教育出版社, 1999: 210~218.

［75］于洪珍. 通信电子电路 ［M］. 北京：清华大学出版社, 2005: 10.

［76］Cheng-Tao Hsieh, Shyh-Jier Huang, Ching-Lien Huang. Data Reduction of Power Quality Disturbances—a Wavelet Transform Approach ［J］. Electric Power Systems Research, 1998, 47 (2): 79~86.

［77］陆永宁. 非接触IC卡原理与应用 ［M］. 北京：电子工业出版社, 2006.

［78］丁明芳. 电感（L）、电容（C）回路及应用 ［M］. 合肥：中国科学技术大学出版社, 1995.

［79］陈永真. 电容器及其应用 ［M］. 北京：科学出版社, 2005, 10: 40~49.

［80］Junji Hira, Tae-Woong Kim, Atsuo Kawamura. Study on Intelligent Battery Charging Using Inductive Transmission of Power and Information ［J］. Power Electronics, 2000, 15 (2): 335~345.

［81］张小壮. 磁耦合谐振式无线能量传输距离特性及其实验装置研究 ［D］. 哈尔滨：哈尔滨工业大学, 2009.

［82］张敬武, 赵金献, 方前程, 鲁延丰. 油管电磁感应加热常压清洗工艺的应用 ［J］. 石油机械, 2003 (9): 60~61.

［83］Fei Z, Xiaoyu L, Hackworth S A, et al. In Vitro and in Vivo Studies on Wireless Powering of Medical Sensors and Implantable Devices ［C］. Life Science Systems and Applications Workshop 2009, 2009: 84~87.

［84］Zhang F, Hackworth S A, Liu X, et al. Wireless Energy Transfer Platform for Medical Sensors and Implantable Devices ［C］. 31st Annual International Conference of the IEEE Engineering in Medicine and Biology Society: Engineering the Future of Biomedicine. Minneapolis, MN, United States: IEEE Computer Society, 2009: 1045~1048.

［85］吴群. 微波技术 ［M］. 哈尔滨：哈尔滨工业大学出版社, 2004.

［86］刘凤君. 现代高频开关电源技术及应用 ［M］. 北京：电子工业出版社, 2008.

［87］周锦锋. 感应耦合电能传输系统中信号传输技术研究 ［D］. 重庆：重庆大学, 2009.

［88］孙跃, 卓勇, 苏玉刚, 等. 非接触电能传输系统拾取机构方向性分析 ［J］. 重庆大学学报（自然科学版）, 2007, 30 (4): 87~89.

［89］吴非, 邓亚峰, 张绪鹏, 陈光辉. 基于电磁谐振式无线供电系统的信号传输 ［J］. 工艺与技术, 2010 (12): 26~28.

［90］邓亚峰, 李烽, 张绪鹏, 史鹏飞. 基于电磁感应式无线供电系统的信号传输 ［J］. 机械设计与制造, 2010 (11): 34~36.

［91］王长松, 张绪鹏, 许江枫. 新型感应式电能传输系统的耦合特性研究 ［J］. 武汉：武汉理工大学学报, 2010 (2): 124~127.

［92］王长松, 张绪鹏, 许江枫. 新型平面感应式电能传输系统 ［J］. 武汉：武汉理工大学学报, 2009 (12): 159~161.

［93］张绪鹏. 感应式电能传输系统研究［D］. 北京：北京科技大学，2008.

［94］邓亚峰. 非辐射式无线供电技术研究［D］. 北京：北京科技大学，2010.

［95］任立涛. 磁耦合谐振式无线能量传输功率特性研究［D］. 哈尔滨：哈尔滨工业大学，2009.

［96］薛凯峰. 微机电系统多维无线能量传输技术的研究与应用［D］. 广州：华南理工大学，2011.

［97］马官营. 人体肠道诊查微型机器人系统及其无线供能技术研究［D］. 上海：上海交通大学，2008.

［98］马官营，颜国正. 基于电磁感应的消化道内微系统无线能量传输问题研究［J］. 生物医学工程学杂志，2008，25（1）：61～64.

［99］刘建青. 基于 OV6920 人体无线胶囊内窥镜设计与实验研究［D］. 广州：华南理工大学，2010.

［100］Shinohara N. Technologies of Wireless Power Transmission［J］. IEEE Transactions on Power and Energy，2010，130（2）：145～148.

［101］刘修泉，张炜，吴彦华，等. 体内微机电无线能量传输系统的仿真分析［J］. 系统仿真学报，2008，20（8）：2215～2219.

［102］江伟雄. 无线能量传输技术在体内微机电系统中的应用研究［D］. 广州：华南理工大学，2009.

［103］刘修泉. 体内微机电系统无线能量传输技术的研究［D］. 广州：华南理工大学机械与汽车工程学院，2008.

［104］RF System lab. The Next Generation Capsule Endoscope – Sayaka［EB/OL］. http：//www. rfamerica. com/sayaka/index. html，2010－12－10.

［105］李兆申. OMOM 胶囊内镜［M］. 上海：上海科学技术出版社，2010.

［106］Jin－Ju Jang, Won－Yong Chae, Ho－Sung Kim, Dong－Gil Lee, Hee－Je Kim. A Study on Optimization of the Wireless Power Transfer Using the Half－bridge Flyback Converter［C］. Second International Conference on Computer Research and Development，2010：717～719.

［107］Mao Zhixin, Feng Aming, Qin Haihong, Peng Pingyan. Characteristics and Design of Transformer in Loosely Coupled Inductive Power Transfer System［C］. 2010 International Conference on Electrical and Control Engineering，2010.

［108］Yikai Wang, Dongsheng Ma. Design of Integrated Dual－Loop $\Delta-\Sigma$ Modulated Switching Power Converter for Adaptive Wireless Powering in Biomedical Implants［J］. Transactions on Industrial Electronics，2011（9）：4241～4249.

［109］Anatoly Yakovlev, Sanghoek Kim, Ada Poon. Implantable Biomedical Devices：Wireless Powering and Communication［J］. IEEE Communications Magazine，2010（4）：152～159.

［110］谭启泉. 一种新型无线感应系统理论及其应用［D］. 成都：西南交通大学，2003.

［111］闵华松，李友荣，王志刚. 非接触式扭矩在线监测系统的研究［J］. 武汉科技大学学报（自然科学版），2001（3）：257～259.

［112］Guoxing Wang. Wireless power and data telemetry for retinalprosthesis［D］. Santa Cruz：University of California, 2006.

[113] 程彦钧. 无线能源传输纺织品的研究设计 [J]. 电子技术, 2006 (9): 75~77.

[114] 杨建勇, 连级三. 感应数据传输及其在磁悬浮列车通信系统中的应用 [J]. 西南交通大学学报, 2001 (1): 48~52.

[115] 杨建勇, 连级三. 磁悬浮列车定位测速及数据传输方法研究 [J]. 铁道学报, 2001 (1): 60~65.

[116] 祝鲁金, 程志勇. 巡线机器人电源系统研究 [J]. 移动电源与车辆, 2006 (1): 39~42.

[117] 桑士伟, 朱义胜, 邓志宝. 印制版空芯变压器电感量计算的一种新方法 [J]. 大连海事大学学报, 2005 (3): 70~73.

[118] 钟黎萍, 周晓敏, 王长松, 等. 基于高频信号注入的永磁电机转子位置估计方法中的电压输入 [J]. 北京科技大学学报, 2007 (12): 1259~1263.

[119] Peters C, Manoli Y. Inductance Calculation of Planar Multi-layer and Multi-wire Coils: An Analytical Approach [J]. Sensors and Actuators A: Phys, 2007, 145~146 (7~8): 394~404.

[120] 魏红兵, 王进华, 刘锐, 等. 电力系统中无线电能传输的技术分析 [J]. 西南大学学报 (自然科学版), 2009 (9): 163~167.

[121] 张凯. 非接触供电技术及其水下应用研究 [D]. 北京: 国防科学技术大学, 2008.

[122] 赵彪, 冷志伟, 吕良, 陈希有. 小型非接触式电能传输系统的设计与实现 [J]. 电力电子技术, 2009 (1): 49~51.

[123] Pier A Serra, Gaia Rocchitta, Gianfranco Bazzu, et al. Design and Construction of a Low Cost Single-supply Embedded Telemetry System for Amperometric Biosensor Applications [J]. Sensors and Actuators B: Chemical, 2007, 122 (1): 1~9.

[124] Graichen F, Bergmanna G. Four-channel Telemetry System for in Vivo Measurement of Hip Joint Forces [J]. Journal of Biomedical Engineering, 1991, 13 (5): 370~374.

[125] Hierold C, Clasbrummel B, Behrend D, et al. Low Power Integrated Pressure Sensor System for Medical Applications MEMS [J]. Sensors and Actuators, 1999 (73): 58~67.

[126] Stephen Christopher De Marco. The architecture, design, and electromagnetic and thermal modeling of a retinal prosthesis to benefit the visually impaired [D]: Raleigh, North Carolina: The University of North Carolina State, 2003.

[127] 苏玉刚, 孙跃. 采用非接触感应电源的电暖鞋. 中国, 200610054105.0 [P]. 2006-03-03.

[128] Jufer M, Macabrey N, Perrottet M. Modeling and Test of Contactless Inductive Energy Transmission [J]. Mathematics and Computers in Simulation, 1998 (46): 197~211.

[129] Markus B, Peter B, Qinghua Z. Induktive Energieubertragung fur das Transrapid-Bordnetz (Inductive Energy Transmission for the Transrapid On-board Power Supply) [J]. Elektrische Bahnen, 2006 (10): 494~500.

[130] 游青山, 唐春森, 刘亚辉, 等. 矿井非接触供电模式的探讨 [J]. 矿业安全与环保,

2007, 34 （增刊）: 84～86.

[131] V C Babu. 应用井下感应加热器在角砾储层实施热力增产的油田先导试验 [J]. 国外油田工程, 2003 (2): 9～11.

[132] Zhou Xiaodong, Zhang He, Wang Xuehui, Jiang Xiaohua. Study on Contactless Transmission of Power and Data for Robot [J]. Proceedings of the International Symposium on Test and Measurement, 2003 （6）: 4513～4516.

[133] Yeary M, Sweeney J, Swan B, Culp C. A Low – cost Inductive Proximity Sensor for Industrial Applications [J]. International Journal of Information Technology & Decision Making, 2003 (4): 93～98.

[134] Zhidong Hua, Yongchen W, Mueller – Glaser K D, et al. Channel Modeling for and Performance of Contactless Power – line Data Transmission [C]. 2005 International Symposium on Power Line Communications and Its Applications （IEEE Cat. No.05EX981）, 2005: 305～309.

[135] Claudia Marschner, Sven Rehfuss, Dagmar Peters, et al. A Novel Circuit Concept for PSK – demodulation in Passive Telemetric Systems [J]. Microelectronics Journal, 2002, 33 （2）: 69～75.

[136] Uygar Avci, Sandip Tiwari. A Novel Compact Circuit for 4 – PAM Energy – efficient High-speed Interconnect Data Transmission and Reception [J]. Microelectronics Journal, 2005, 36 （1）: 67～75.

[137] H Boche, M Wiczanowski . Stability – optimal Transmission Policy for the Multiple Antenna Multiple Access Channel in the Geometric View [J]. Signal Processing, 2006, 86 （8）: 1815～1833.

[138] Marcelli E, Scalambra F, Cercenelli L, Plicchi G. A New Hermetic Antenna for Wireless Transmission Systems of Implantable Medical Devices [J]. Medical Engineering & Physics, 2007, 29 （1）: 140～147.

[139] David C, Andrew S, Alison J. Optimal Transmission Frequency for Ultralow – power Short – range Radio Links [J]. IEEE Transactions on Circuits and Systems – i: Regular Papers, 2004, 51 （7）: 1405～1413.

[140] K OBrien, G Scheible, H Gueldner. Design of Large Air – Gap Transformers for Wireless Power Supplies [J]. IECON' 2003, 2003, 29 （1）: 367～372.

[141] K OBrien, G Scheible, H Gueldner. Analysis of Wireless Power Supplies for Industrial Automation Systems [J]. PESC' 2003, 2003, 34 （4）: 1557～1562.

[142] 赵志英, 秦海鸿, 龚春英. 变压器分布电容对高频高压反激变换器的影响及其抑制措施 [J]. 电工电能新技术, 2006, 25 （4）: 67～70.

[143] Michael Catrysse, Bart Hermans, Robert Puers. An Inductive Power System with Integrated Bi – directional Data – transmission [J]. Sensors and Actuators A, 2004 （115）: 221～229.

[144] [日] 远坂俊昭. 测量电子电路设计——模拟篇 从 OP 放大器实践电路到微弱信号的

处理 [M]. 北京：科学出版社，2006：155~159.

[145] 野泽哲生，蓬田宏树，林咏. 伟大的电能无线传输技术 [J]. 电子设计应用，2007（6）：42~44.

[146] 马皓，周雯琪. 电流型松散耦合电能传输系统的建模分析 [J]. 电工技术学报，2005（10）：70~75.

[147] Atluri S, Ghovanloo M. A Wideband Power - efficient Inductive Wireless Link for Implantable Microelectronic Devices Using Multiple Carriers [C]. 2006 IEEE International Symposium on Circuits and Systems. Kos, Greece：Institute of Electrical and Electronics Engineers Inc., 2006：1131~1134.

[148] 孙述. 非接触电能传输关键技术研究 [D]. 北京：北京科技大学，2009.

[149] 张绪鹏，王长松，许江枫. 基于 PCB 的新型感应式电能传输系统 [J]. 机械设计与制造，2009（10）：100~101.

[150] 邓亚峰，薛建国，张绪鹏，乔向杰. 电磁谐振式无线供电系统的增强线圈研究 [J]. 制造业自动化，2012，34（9）：1~4.

[151] 邓亚峰，薛建国，张绪鹏，乔向杰. 双增强线圈电磁谐振式无线供电系统研究 [J]. 机械设计与制造，2012（10）：138~141.

[152] 邓亚峰，薛建国，张绪鹏，陈光辉. 电磁谐振式无线供电技术传输性能研究 [J]. 现代制造工程，2012（11）：23~26.

冶金工业出版社部分图书推荐

书　名	作　者	定价(元)
工业企业供电(第2版)	周　瀛　等编	28.00
无线传感器网络技术	彭　力　编	22.00
现代无线传感网概论	无线龙　编	40.00
ZigBee 无线网络原理	无线龙　编	40.00
CC430 与无线传感网	无线龙　编	40.00
高频 RFID 技术高级教程	无线龙　编	45.00
热工测量仪表(本科教材)	张　华　等编	38.00
自动控制原理(第4版)本科教材	王建辉　主编	32.00
自动控制原理习题详解(本科教材)	王建辉　主编	18.00
现代控制理论(英文版)(本科教材)	井元伟　等编	16.00
机电一体化技术基础与产品设计(第2版)(本科教材)	刘　杰　主编	45.00
自动控制系统(第2版)(本科教材)	刘建昌　主编	15.00
电气传动控制技术(本科教材)	钱晓龙　主编	28.00
网络信息安全技术基础与应用(本科教材)	庞淑英　主编	21.00
机械电子工程实验教程(本科教材)	宋伟刚　主编	29.00
冶金设备及自动化(本科教材)	王立萍　等编	29.00
机电一体化系统应用技术(高职教材)	杨普国　主编	36.00
维修电工技能实训教程(高职教材)	周辉林　主编	21.00
工厂电气控制技术(高职教材)	刘　玉　主编	27.00
机械工程控制基础(高职教材)	刘玉山　主编	23.00
热工仪表及其维护(第2版)(技能培训教材)	张惠荣　主编	32.00
炼钢厂自动化仪表现场应用技术(技能培训教材)	张志杰　主编	40.00
复杂系统的模糊变结构控制及其应用	米　阳　等著	20.00